三度
sandu

茶器与匠心之美

U0133709

谷　雨
谭杰茜
编著

岭南美术出版社

中国·广州

图书在版编目（ＣＩＰ）数据

茶器与匠心之美 / 谷雨，谭杰茜编著 . — 广州：
岭南美术出版社，2017.11（2020.11 重印）
ISBN 978-7-5362-6342-0

Ⅰ.①茶 … Ⅱ.①谷 …②谭 … Ⅲ.①茶文化 Ⅳ.
① TS971.21

中国版本图书馆 CIP 数据核字（2017）第 251754 号

出　版　人：刘子如
责 任 编 辑：刘向上　黄　敏
责 任 技 编：罗文轩

出　品　方：广州三度图书有限公司
策 划 编 辑：牛光辉　沈　婷
翻　　　译：陈俐珊　黎艳鸣
装 帧 设 计：周白桦

茶器与匠心之美

CHAQI YU JIANGXIN ZHI MEI

出版、总发行：岭南美术出版社（网址：www.lnysw.net）
　　　　　　　　（广州市文德北路 170 号 3 楼　邮编：510045）
经　　　销：全国新华书店
印　　　刷：中华商务联合印刷（广东）有限公司
版　　　次：2017 年 11 月第 1 版
　　　　　　2020 年 11 月第 3 次印刷
开　　　本：787mm×1092mm　1/16
印　　　张：14
字　　　数：103 千字
印　　　数：6001—9500 册
书　　　号：ISBN 978-7-5362-6342-0

定　　　价：78.00 元

茶人与器物创作者

一日三餐里面稀松平常的食物，能够不让人感到厌倦的，恐怕在这世界上是并不存在的。但是，茶和咖啡，作为饭后的一道饮品，却可以说是很重要，而且又不会令人心生厌倦。茶和咖啡不仅是用于补充水分的重要饮品，它们作为一种嗜好品，更是俘获了无数人的心——这一点在历史上也得到了佐证。由于咖啡和红茶的生产地区与消费地区并不吻合，所以在战火纷飞的年代，人们不容易入手咖啡或红茶，这甚至催生了它们的代替品。但是，东亚的茶文化由于生产地与消费地近乎一致，时至今日既能保持其悠久的历史，又能体现出各地之特点。日本自古以来多方学习中国与朝鲜的文化，茶文化便是与佛教文化一同被传入日本的，并在日本的土壤中滋养发展。到了现代，日本的抹茶道、煎茶道，还有陶瓷更是犹如衣锦还乡一般，重新传播到中国大陆和台湾地区。以此为契机，中日的文化交流也在不断开启新的篇章。

　　中国的茶文化在历史上大致经历了三大盛行阶段。最初盛行的是唐代的团茶煮饮[1]，之后盛行的是宋代的末茶点饮[2]和明代的叶茶冲泡[3]，后两者传到日本后，分别演变为日本的抹茶道与煎茶道，对日本的文化产生了深远的影响。那时候主要由遣唐的日本僧侣把茶带到日本，并将之普及日常生活中；而在那之后直到近代，佛教和神道[4]的伦理教诲一直制约着庶民百姓的生活，点茶与插花等平常之事成了一种修行。虽说如今所谓的要体现"茶禅一味"的礼仪有点变得徒有形式了，但是我们依然可以看到有人延续着禅宗和神道所提倡的一些习惯——比如在庭院里安放清洁双手的洗手钵，把筷子横放在托盘上以示结界[5]等。

日本茶道的集大成者千利休确定了日本茶会的一系列要求，他把茶室称为"市中山居"，推崇像庭院或山中小屋般风雅闲寂的住宅——虽立于市井，却又能感受到自然的气息。他把茶文化从当权者手中解放出来，推广至平民百姓家。他批判了统治者醉心于庞大、奢华之物的欲望，提倡着眼于细微、粗糙之物，并将之活用。作为现代日本人审美意识基础的"侘寂"[6]，并不是一味褒奖细微之物或者粗糙之物，而是说事物并非恒久完整的，即便是人们引以为傲的荣华富贵也终将会化作腐朽而逝去。"侘茶"（闲寂茶）的创始人村田珠光曾经用"云间月色明如素"[7]这句话来否定事物的"完整性"，意思是：比起万里无云的夜空中那熠熠生辉的皎月，半遮于云间的明月更为美丽。他用这个例子来阐释"侘寂"。总的来说，"侘寂"与中国广为传颂的、文人所喜好的"大俗若雅"相似，即"俗"中带"雅"，又或者说是发现"不完整"的美。

日本茶道秉承着佛道中的某种禁欲思想，从"精进料理"[8]演变而来的怀石料理[9]对食具有着严格的要求，与此同时茶道具的制作工艺也不断发展，这都推动着日本陶瓷业的迅猛发展。晚年的千利休让陶器"职人"[10]们制作出了被誉为"国烧"的陶瓷，"国烧"自成一派，完全脱离了中国和朝鲜陶瓷样式的影响。后来，为迎合不同茶人的要求，陶瓷界出现了多种多样的陶瓷样式。支撑起陶瓷文化的不仅仅是职人，更有400年前就开始在业内活跃的陶瓷艺术家，或者说是独立手作人。他们深受中国的文人雅趣的影响。古有陶艺元祖本阿弥光悦大师 [11]，20 世纪则出现了北大路鲁山人 [12]、川喜田半泥子 [13]、小山富士夫 [14] 等名家。多才多艺，兴趣广泛的陶艺家们不喜欢孤芳自赏，也不拘泥于传统职人所要求的"专业性"，这些陶艺爱好者构成一个新的谱系，立足于陶瓷界。

　　我在接受中国的一些杂志或者书籍的采访时，经常听到日本的陶艺家被称为"职人"。我并不太清楚这两个词语在中文的具体语境中的意思，但在日语中，"陶艺家"和"职人"的语义是不一样的。日本所说的"职人"一般需要遵循客户的要求来创作，自由度相对较低；而陶艺家则等同于艺术家，扎根于"文人雅趣"，在创作中有着自由的姿态。虽然"职人"和陶艺家都是非常重要的职业门类，但如果仅有职人的话，恐怕是制作不出茶人所需要的器皿的。这个时候，就需要陶艺家登场了。陶艺家的工作就是要努力做出能够供茶人使用，而且用起来得心应手的茶道具。在这个层面上来看，茶人与器物创作者其实是对等的，他们是相互激励，共同进步的存在。借由这本书，希望读者可以了解文人雅趣和中日茶道，中日的器物创作者能够从中获得一些灵感和启发，增进彼此的沟通与交流，最后祝愿中国未来能够涌现出更多优秀的茶器创作者。

陶艺家 / "百草"艺廊主人

2017 年 8 月 15 日

1 团茶煮饮即唐朝流行的"煎饮法"。团茶是一种小茶饼，经过炙、碾、罗等工序，制成细微粒的茶末，在水沸时投入茶末煮泡，然后分饮。

2 流行于宋代的末茶点饮的做法是：把适量茶末放入茶盏中，再注入煮好的水，调成膏状后再注入开水，然后用茶筅快速击打，使茶与水充分交融至出现大量白色茶沫。

3 叶茶冲泡始于明代，是用沸水直接冲泡散茶的饮法，逐渐代替了唐代团茶煮饮法和宋代末茶点饮法。

4 神道是日本的原生传统宗教，为日本人的民族宗教，奠基于日本自古以来的民间信仰与自然崇拜。

5 源于佛教术语，原为限定僧侣活动的范围。后指具有一定法力效力的范围，其作用通常是保护性的。

6 侘寂是一种以接受短暂和不完美为核心的日式美学。侘寂的美有时被描述为"不完美的、无常的、不完整的"。

7 在村田珠光看来，一轮皓月有时比不上隐约在云间的月亮好看，他借月寓茶来说明"茶和茶器的美也不在于完美无缺"。此处采用借译法，借用王勃的诗"云间月色明如素"来表达村田珠光的这种思想。

8 即素斋，日本称之为"精进料理"，指使用植物食材制作料理，甚至模仿肉类食物的外观和口感，久而久之形成一门技艺。

9 怀石料理原为日本茶道中主人请客人品尝的饭菜，现已成为日本常见的高档菜色。"怀石"指的是佛教僧人在坐禅时在腹上放上暖石以对抗饥饿的感觉。怀石料理极其讲求精致，无论餐具还是食物的摆盘都要求很高，故被一些人视为艺术品。

10 "职人"是日语中对于拥有精湛技艺的手工艺者的称呼。

11 本阿弥光悦（1558-1637年），出生于京都，是日本江户时代时期著名的画家、书法家、漆器革新者、陶艺家、刀剑鉴定家、园林设计家和茶道爱好者。

12 北大路鲁山人（1883-1959年），是日本艺术家、篆刻家、画家、陶艺家、书法家、漆艺家、理家、美食家等。

13 川喜田半泥子（1878-1963年），是日本陶艺家、实业家、政治家。

14 小山富士夫（1900-1975年），是日本陶瓷研究者、陶艺家、中国陶瓷研究大师。

等待一杯茶

茶既可以是一种滋养身心的饮品，也可以是生活中难得的修行之道。中国茶圣陆羽在《茶经》中说道："啜苦咽甘，茶也。"这是他对茶最早的定义，不仅道出了茶汤与其他饮品的不同之处，更从中看到了生活的影子。有人可能会因茶汤最初的苦涩而弃之，错失一杯好茶。回甘需要安静地等待，需要饮茶人的细微之察和忍耐之心，而这恰恰是生活中我们所需要的，所以说它就好比是生活的修行。茶最忠诚的伴侣莫过于茶器，好的器皿可以衬托出茶的色香味：通透的玻璃器皿能够展现茶汤的色泽；高身的闻香杯可以捕捉茶的浓浓馥香；细腻的瓷杯接触唇部，茶汤经由杯沿顺滑地流入口中，带出茶汤的质感……出于对茶和器的喜爱，《茶器与匠心之美》对编者而言是一次与茶和器熟悉而久违的重逢。说熟悉，是编者自习茶后，不觉间也收集了一些茶和器，并从中找到乐趣。谈久违，是以"茶和器"为线索编辑一本书的想法萦绕心头已久，终于在这一年多的时光里，记录下与茶人和茶器创作者的对话，将之付梓成书，实现当初的想法，为此甚感欣慰。

这一年多来，我们通过邮件、电话、走访等形式专访了事茶人李曙韵和来自中国和日本的10位茶器创作者。他们说话时的语气、口吻都带着自己的个性，恰如其作品，沾染着创作者的性情，无法复刻。

中日茶界优秀的茶人众多，我们在寻寻觅觅之后，邀约了李曙韵老师。她对中日茶道和器物都有着独特见解，我们希望透过她的眼睛，去看茶、观器、论道，让读者更了解当下的茶人的想法，在文字中寻得共鸣，继而为发展和传承东方茶文化出一份绵薄之力。说到这里，我不由忆起在李老师门下学茶的场景，我正是在她的引导下开始了自己的茶之路。这一路来，她给了我许多中肯的意见和鼓励，所以此次拜访她，可以说是一次独特的叙旧方式。

书中采访的10位茶器创作者来自不同的地域，有着不一样的文化背景和生命际遇。在确定采访对象前，我们做了细致的考量和研究，希望在展现陶和瓷等传统材质的茶器外，能够找到使用其他材质进行创作的制器者，以探索茶器的各种可能性，展示不同创作者的作品及其自身的魅力，所以有了书中这10位创作者的身影。他们有的来自茶人世家，祖祖辈辈种茶喝茶，所做的茶器根基于生活与喝茶本身，更多地关注茶器之功能。他们有的来自日本，源于禅宗的"侘寂"的思想根深蒂固地存在于他们的审美意识中，因此其作品往往能够传递出茶的禅意，就像日本美学家冈仓天心在《茶之书》中写道："茶道是一种对'残缺'的崇拜，是在我们都明白不可能完美的生命中，为了成就某种可能的完美，所进行的温柔试探。"他们有的是在生命中与茶和器偶然相遇，仿佛冥冥中已有说不尽道不明的默契，最后决定与器相守。他们还有的一心为延续宋代文人之风雅，在景德镇造器喝茶，静看四时变化……

在与他们的谈话中，我们惊叹于他们在一杯一壶中所倾注的时间和心思。正因为这般细腻的用心，他们把一个个看似平常的生活之器塑造得别具个性，仿佛是有生命的个体。生活中最开心的莫过于在平凡的事物中找到其惊异之处，这种感觉就如同天天泡茶，摩挲自己心爱的杯子，然后偶然发现原来茶还可以这样泡，原来茶器还可以这样设计。在大城市生活久了，有人想要返璞归真；吃惯了市场买的米饭青菜，突然有一天尝到了农家的有机米和蔬果，普通的小菜一两碟都吃得饶有滋味；躺在路边的一块石子，有时你眼睛看都不看，但若用心就会看到石上那些毛茸茸的青苔，正长得憨态可掬。生活中，平常之事很多，如果用心去感受，自然会发现它们的美。不错过平常的美好，用眼睛和心灵去发现、感知美，就像我们体会创作者放入作品中的"匠心"一般，感受器物中的生命和灵气，为之雀跃和感动。这可以说是本书成册的一个初心。

如今看着书即将与读者见面，内心既是欣喜也是感激。在编写这本书的过程中我们遇到各种各样的难题，但所幸的是有团队的支持和协助。在这里我们感谢由沈婷老师带领的策划团队，让这本书从最初的混沌慢慢清晰成熟；感谢设计团队和校对团队对版式和文字进行反复的斟酌和调整；感谢翻译陈俐珊和黎艳鸣，她们使我们得以与日本茶器创作者进行交流。在书中，我们把关于美的信息传递给读者，为读者提供一个可以与茶人和茶器创作者对话的媒介，然后借由它，找到读者自己对美好事物的感悟和诠释。

编著者
2017 年 9 月于广州

目录

事茶人

「从事手艺的人，常年专注于某一种技术的训练，不断重复，这会让人的一颗心变得很柔软。茶的训练也是如此，就是不断重复一件自己已然知道的事情。」

茶之真味

源于生活，归于平淡

李曙韵

李曙韵，祖籍福建泉州，21 岁时前往中国台湾学茶。多年来她因茶而行走于中国和日本，结识中日的茶人和茶器创作者，并先后创办了"人澹如菊""晚香室""茶家十职""茶家生活"等茶空间，开创了剧场式茶会，用创新的思维诠释自己对茶的理解，传承茶文化。

　事茶人 —— 李曙韵

茶起源于中国，《茶经》开宗之句是"茶者，南方之嘉木也。一尺、二尺乃至数十尺；其巴山峡川有两人合抱者，伐而掇之"。在一千多年前，先辈们就已开始在中华大地上种茶、制茶、饮茶，唐宋年间还兴起茶马互市，于是有了茶马古道。茶马古道在明清时期尤为兴盛，乃至延伸至与中国接壤的西亚、南亚国家，茶因此得以销至国外。作为茶之故乡，中国茶的种类名目繁多，云南普洱、四川蒙顶、西湖龙井、潮州凤凰单枞、福建白茶岩茶等名茶不胜枚举。在20世纪90年代，茶道依然被西方误以为是源自日本的，其时，中国的茶人忌讳用"茶道""茶人"，以示区分。所以，初涉茶事的李曙韵自称"事茶人"。而后，随着"茶道"二字普及，茶人不再刻意回避。李曙韵说："茶道本源于中国，历史文献上曾有三次关于'茶'的重要记录。其一，陆羽的好朋友皎然和尚在《饮茶歌诮崔石使君》中写道：'孰知茶道全尔真，唯有丹丘得如此'；其二，唐代封演的《封氏闻见记》有载：'有常伯熊者，又因鸿渐之论广润色之，于是茶道大行，王公朝士无不饮者。'说一个叫常伯熊的人，把陆鸿渐的《茶经》加以润色之后，茶道才大大地流行；其三，明代张远的《茶录》有言：'造时精，藏时燥，泡时洁。精、燥、洁，茶道尽矣。'"这些文字都清晰地记载了先民对茶的研究和理解。

李曙韵以茶为一生之志，21岁那年，她放弃成为钢琴家，只身从新加坡来到台湾学茶。最初她在台湾办了"人澹如菊"茶书院，从事茶道、花道等方面的教育，并首创剧场茶会的艺术形式，跨界整合了南管、古琴、舞蹈、书法、花艺、服装设计、空间设计等艺术，让茶文化"由技入艺，由艺载道"，以创新形式传承延续着茶文化。"人澹如菊"取自唐代司空图的《二十四诗品》的"落华无言，人澹如菊"，这折射出了李曙韵对茶人的理解——脱俗平淡。很多人以为茶人的模样应是着白袍，挽素巾，神态闲静，李曙韵则认为茶人的样子很多："茶人脱下制服，穿上花衣服，其行为举止依然是茶人的模样。"在她的眼里，茶人的气质不在于外在的装束，而来自于茶人内心对茶自始至终的爱。

"人澹如菊"逐渐为人所知后，她选择了离开，北溯而上来到北京国子监，开了"晚香室"，然后又创办了纯粹"为茶而生"的"茶家十职"。"茶家十职"设有茶剧场、茶教室、茶事厅、茶书房和茶陶坊。李曙韵借鉴宋代"四司六局"的架构，设立"十职"来服务茶事宴席，包括茶空间、茶花、茶食、茶摄影、茶业、水源、炭火、茶书、茶服、茶器等十项，近乎涵盖整个茶事产业。2017年她来到了深圳，带着把传统茶年轻化、生活化的期冀，办了第一家"茶家生活"。

在事茶的道路上，李曙韵的每一场茶会、每一道茶、每一件茶器都是其彼时彼刻的生命感受和体验的折射，也是她对茶的独特诠释。年轻的时候，她泡过喝过各种各样的茶，她笑言，从前逢人谈茶斗茶毫不踟蹰。她爱茶，但她不附和市场的吆喝，而是更喜欢自己在安静的一隅享受茶汤的滋味。是浓是淡，是好是坏，有名无名又何妨？这是在她心中爱茶之人对待茶所应有的态度。

茶人离不开茶，也离不开器。茶人顺应器物之天性，在一壶一盏中泡出茶叶最本真的样貌和味道，借由器而进入茶道的修行。对于茶器的好与坏，李曙韵的理解是："茶人在阅读器物的眼，不需带着文物的知识，而是用心直观去感受，如同品饮一杯茶汤，无须追查产地、年份、作者，好茶自己会说话。"陶器温润可感，器物会随着主人使用的频率、所盛装的食物而变化；瓷器滋润光洁，有些景德镇老瓷器在使用多年后，釉色依然细腻不开片；玻璃通透明亮，在光线折射下，化作一片灵动的光影，美由此产生；金属器皿凝练大气，经过千万次锤打后，终于与主人相见……每一件茶器，都值得茶人用心去欣赏。为了能够更加了解器物，李曙韵曾特地拜访过日本各地陶窑，曾跟手艺师傅学过吹制玻璃，也曾打制金属器皿。一路下来，她结识了不少中日的陶艺家和茶器创作者，当中不乏一些熟悉的名字，比如安藤雅信、荒川尚也、小泽章子、陈正川……后来她把这些朋友介绍到了台湾，在"人澹如菊"举办了一些茶器展览和茶会，然后再到北京的"茶家十职"和深圳的"茶家生活"举办活动。她觉得，自己与这些手艺人就像家人一般，彼此欣赏、信任。

　　每个茶人对茶、器、道都有着自己独特的记忆和体会。李曙韵从多年的事茶经验中找到了自己对茶的理解："茶道就跟空气、水一样，会因时因地产生变化，遇见不同的人、不同的容器而呈现出不同的生命状态。""茶道如水"是当下李曙韵对茶道的一种温柔的解读。

◎ 专访李曙韵

曾昭旭先生在《茶味的初相》的推荐文上曾经说过："想了解李曙韵老师是一件不可能的事。"他说您总是在变化之中。您从"人澹如菊""晚香茶室"到今日的"茶家十职""茶家生活"，一路走来，您觉得自己的身份定位发生了什么样的变化？

李：首先我认为没有身份定位这个问题。一开始我只是想找一个中国人安身立命的方式，然后寻寻觅觅，在各行各业中选择了茶。在台湾习茶的时候，我在嘉义市找到了一座老房子，在那里创办了"人澹如菊"茶书院，其实就是一家只有三张桌子的小茶馆。然后我开始在茶馆里授课，不觉间聚了一群人，后来我们尝试举办了一些剧场式茶会。经过一段时间的沉淀后，2012 年我离开了台湾，来到北京。初到北京的时候，我也没有预设什么，只是在国子监自建一个 80 平方米的"晚香室"空间，开始寻找自己人生的新据点。结果各地前来拜访的茶人又聚了起来，然后我就思索着把它扩大，于是便有了"茶家十职"。我们希望整合茶的产业链，这个产业链就叫作"茶家十职"。"茶家十职"是一个理论、一个概念，它像航空母舰那样，把各种茶的资源整合起来。这不是我一个人可以独立完成的，也不只属于我的。"茶家十职"是一条漫长的路。再后来，我们想把"茶家十职"轻居简行，轻量化，所以有了"茶家生活"的诞生。"茶家生活"的第一个模板选址深圳，其一是深圳非常适合创业；其二是这座城市年轻，适合像"茶家生活"这种希望把传统中国茶年轻化、生活化的初创公司。至于之后将往何方，就完全是因缘了。

"茶酒论"茶会上的一隅，竹影扶疏，茶香氤氲，一席茶间，谈笑自在。

北方人其实不怎么喝南方的茶，您在北京时是如何处理这情况的？

李：南方人到北方，除了适应气候的变化，也要有思维的转变。相比南方，北方天气比较干燥，如果在思维上，你一味想着北京的天气、堵塞的交通等消极的一面，那基本上北方不适合你居住。我比较喜欢北方，是因为北方比较大气、直率。在 2012 年的时候，北方人还不太接受传统台湾式的陈年乌龙茶，浓郁而且带酸味，完全不是他们的喝茶习惯。这就像南方人不吃馒头，一定要吃米饭一样。茶是一种趣味性的东西，而不是说我教育他们，说这是传统茶，你就必须学习。因此那个时候，我就思考，什么样的茶才是北方的呢？后来我就意识到，首先我要打破我自己，接受北方人喝茶的习惯。北方人基本上就是无时无刻不在喝茶，但他们喝的茶很淡，因为对他们来说，茶是用以增加身体水分的，是生活的一部分，喝茶并不是为了认真去品味一杯茶，而是像加湿器一样的东西，随时随地增加身体的湿度。

所以就是说要接受一个地方的文化，顺应其自然，而不是尝试改变。

李：根深蒂固的文化，尤其像北京的文化，我们是没办法改变的。因此首先就是要接受它、欣赏它。欣赏这里的茶汤为什么会这么淡，它淡中是有道理的，把喝茶的速度放慢下来。

您个人喜欢什么茶？选茶的标准是什么？

李：基本上，我经历了几波茶的兴盛期。第一波是 20 世纪 90 年代，普洱茶刚流行。我很庆幸自己身处其中，但我不喜欢跟着潮流走，所以大家炒普洱茶的时候，我就开始去玩红茶。那时候我去到世界各个茶山寻访红茶。红茶流行后，我就不再玩了，我去玩岩茶。待岩茶流行了，我又不玩了，这个成本太高了。当这么多人投入金钱去炒作某一种茶的时候，这个茶离生活已经太远了。所以我选择避开，我就是想在一边安静地喝茶，至于喝什么茶，对我来说都一样。什么好茶没喝过？什么老茶没喝过？所以我不太执着于喜欢喝什么茶，就像吃尽所有的山珍海味后，没有什么食物是特别要去追求的。

来到北方后，我发现大家都喝白茶。当时在台湾，很少人喝白茶，于是我就去政和研究白茶的生态，结识那些制白茶的人。那时我还义务给政和白茶代言，即便不卖茶。什么是好茶？简单就是好茶，简单不需要太多故事，不需要太多技法、太多工艺，从土壤中来，回到土壤里去。茶树把土壤、阳光结合之后的养分，透过一片叶子，给予我们，然后我们再透过一片叶子，把养分喝到我们的身体里，滋养我们的身体，最后它回到土地里去。茶就是这么一个大自然的法则。我认为白茶非常适合那些修行之人，那些对道、对生活有追求的人。因为白茶非常符合这个"道"，它不做作，它自然，土地是怎样的，它就是怎样的。在众多茶的品类中，白茶是人工加工最少的一种。

您心目中理想的茶人是怎样的？

李：我没有预设理想的茶人是怎样的。茶人是什么？怎么去定义茶人？首先，你必须很爱茶，这个毋庸置疑。你必须爱茶甚过其他很多事情，必须看得出你的热情、你的饥渴。开始的时候，"茶人"这个称呼对我们来说，定义很高，就像一个出家道人一样。后来，我就觉得别给自己找麻烦啊，其实在宋代，采茶人也叫茶人，制茶人也叫茶人，范围很广。因此，我觉得茶人首要就是爱茶，把自己投入、奉献在里头，不是业余的，而是打算走一生一世的。一位茶人事茶不是暂时的、消磨时间的，而更像是疯狂的，类似使命的，不管身处何种条件，都想完成这样一件事。这样或许你就可以自称，或者被别人称为"茶人"。茶人的样子很多，他不一定是穿着白袍，披着围巾，一副闲静的样子，这是外在。这跟庄子的寓言有异曲同工之妙，各种高人会以奇特的样貌身躯出现，有些身上长满疮伤，也有些腰弯背偻，长得特别奇怪，特别不讨人喜欢的；佛经上说，这些人往往是来渡你的，是真实的菩萨的现身。所以，如果只是追求美好的、甜美的外在，然后以此想象模仿茶人的样子，这样的人习茶的路多半走得不太踏实，他们先学了外在的样貌就认为自己基本都知道茶人是什么，但他们不过是把外形学习了。茶人基本上没有制服，脱下制服，穿上花衣服，其行为举止依然还是茶人的模样。

请谈谈您对中国茶道的理解。

李：我认为茶道就跟空气、水一样，会因时因地而产生变化，遇见不同的人、不同的容器呈现出不同的生命状态。所以我希望茶道就是流动的空气，或者流动的水。茶道中的人，就应该这么柔软。如果一位茶人的生命状态是方的，呈现出来的就是一个方的水面；如果一位茶人的生命状态是比较圆满的，呈现出来的水基本上就是没有波澜的。茶道就这么一回事。

对您来说，怎样的茶器会打动您？

李：不同的生命阶段，我喜欢不同的茶器。一开始我喜欢老器物，越老越旧的就越有味道。那时候我开始玩很多古老的德化瓷、景德镇青花、外销瓷，甚至天目碗。现在，我开始喜欢新的东西。新的事物有创造力、有生命力，而且可量化生产。"可量化"代表创作人可以把自己的想法与很多人分享，这跟老器物不同，老器物是孤寡的，不可复制、不可取代、不可传播。

我写书的时候就很喜欢一些老器物，一些补过丁的器物。那时候很多人都认为补过丁的器物是不完美的，可我不认为那是不完美的。我还特地请了一位师傅到台湾，教大家如何修补杯子。我认为，修缮补丁最大的本义就是珍惜、惜物。但修补过度则大可不必，现在这股风气有点乱了。有人拿起一个到处都是修补痕迹的茶器，满心以为这是一件好的茶器，实则不然。这其实就像百衲衣，最初人们穿百衲衣是"惜福"。出家人每到一个地方，当地人把一片一片的布收集起来，为僧人做一件百纳的衣服。这就是百衲衣的缘起，代表一种祝福。后来"百纳"变成了流行，有的人故意做旧、拼贴，这其实违反了道的本义。

在我们习茶的年代，什么材质的茶器我们都接触。当时玻璃茶器很难获得，所以我去学习吹制玻璃；金属茶器也少见，所以我去学习了金工。而现在，这些材质的茶器随处可见，近乎泛滥，所以现在说茶器，已经不是材质上的问题了。

现在我更倾向于那些可以温润生活的器物。简单来说，就是陶器，我喜欢陶是因为它的个别性。看起来釉色、器形统一的陶器，因为每个人使用习惯、放置空间的不同，很容易跟随主人的生活和空间发生变化，乃至融为一体。比如你长期使用一件陶器，其表面的釉光很容易就吸附茶味、茶色，以及你身体和双手的温度，从而呈现出一定的润度和色泽，我们把这种变化叫作"皮壳"。它是因人而异的，这就是陶器迷人的地方。它跟着主人的气息在生长，有迹可循。

1. 粗陶侧把壶的壶型素雅古朴，壶身的弧线没有过分雕饰，陶土自然而富有质感。
2. 彩瓷盖碗和茶杯幽静典雅，深色金属茶托有着沉稳的质感，更显瓷器的轻盈秀美，浓淡轻重总相宜。

1
————
2

2016 年 4 月，在日本建仁寺茶会上，李曙韵正在布置席茶。白陶与米黄色的榻榻米相映成趣，器物井然有序却不落窠臼。

您常与日本的茶人和手艺人打交道，您觉得中日两地在茶器审美上有什么区别吗？

李：这些可爱的日本陶艺家们基本上是很低调，对他们来说，陶就是服务于生活的。他们喜欢跟茶人茶客交流，倾听他们的要求，然后微调自己的作品。他们做陶的本意就是服务大家对生活的需求。一些陶艺家跟着我从台湾来到北京，现在来到深圳，很多事情他们都在微调，以适应当地人的习惯和喜好。生活上人们到底需要什么样的茶器？一只杯到底是放大，还是缩小？他们都会细细考量。日本陶艺家们是很谦卑的，这与技术没有关系，而是与为人的素养有关。

本书邀请的茶器创作者，有李老师的朋友，也有学生，在您与他们相识相处中可有哪些有趣的事情？

李：小泽章子是女性陶艺家中比较难得、作品大气的艺术家。看她的作品，绝大多数人都会以为那是男性陶艺家做的。其一，她作品的格局大；其二，作为美术本科生，她擅于捕捉和表现肌理，尤其是油画般的肌理。她那些带有岩石质感的作品是非常具有代表性的。她还尝试很多金工，由此可以看出她是一位很创新的人，不拘泥于传统。所以，我很欣赏小泽章子，她很有名气，但为人处世总是很低调。

荒川尚也是一位非常优秀的玻璃艺术家，我曾接触过玻璃吹制艺术，所以我一看到他的作品时，就知道这是一位了不起的玻璃艺术家，他的玻璃里面承载着深刻的关于生命的哲学。当他觉得玻璃像水，就会呈现出玻璃的清澈通透；当他觉得玻璃像黑暗的山洞的时候，他也会转化玻璃的颜色。他还在玻璃上做出不同的肌理，比如磨砂、刻画等。

他的玻璃作品不是简简单单可复制的，而是有生命厚度的。他用最简单、最纯净的材质，去诠释自己对生命、人生的丰富体悟。

任先生是我在台湾时的学生，那时他跟我去香格里拉参加一个露天的茶会，途径丽江时他看到一些做银器的手艺人，心有所想，后来他留在了香格里拉，开始打造自己的银壶。从茶人的角度去打造适合茶人使用的茶道具，这是一个很大的突破。任先生给人感觉很唯美，我常说他跟水仙花一样，非常爱美的人。爱美是一件很好的事情，表示他对生活充满着热情，所以从他的器物上可以看出，他的创作一直围绕着"美"，这是一种力量。

作为茶器使用者，您希望自己跟茶器创作者之间的关系是怎样的？

李：我是器物的簇拥者。我无时无刻都希望用好的器物，器物也在影响我的生活。而这些茶器创作者与我常年接触，从日本到中国台湾、北京、深圳，我们就像是家人一样。日本人一般不会很轻易相信一位初次谋面的人，但他们一旦信任你，就会与你一同探究不同的市场，了解不同地域的喝茶人的需要，然后做各种尝试。比如他们与我去内蒙古，体验与日本截然不同的塞外风光，接近阳刚的大自然面貌，这给他们的创作路线带来了一些新的启发。这是茶家可以给予他们的一些帮助，从内蒙古回来后，他们每个人的体验都是很深刻的。

一场茶会会有不同主题、节气、环境等，您在布置一场茶会时是如何选择茶器的？

李：茶会需要有主题，如果这次的主题是很生活的，就可以挑选一些平时自己最喜欢、惯用的器物，井然有序地摆放在茶桌上，当然这种

茶人的分茶动作娴熟，缓急适宜；茶香随热气从杯中徐徐升腾，让人慢慢体会茶的恬静甘润。

次序不是硬性的。为茶会选择茶器时，我首先会考虑节气；其次是喝什么茶，这是从功能性的角度来考虑的；之后就是对颜色的斟酌。我平时收集很多茶道具，当我有灵感时，比如说，想用桃红色去创作空间，我就会去收集桃红色或粉色系的茶器，来突出这个当代化的颜色，当然，这些茶器必须符合茶汤的要求。很多事情是需要我们平常累积的，比如你在路上看到一块砖，上面长满了青苔，你会想这块砖或许可以成为你茶席中的一个元素。比如，在这块砖上面放一个建水，或者干脆当作是一个壶承，这样茶席的画面就出来了。所以对茶人来说，生活中眼睛所及之处，都有可能找到一个好的茶道具素材，而未必是我们在展览上见到的一些作品。

这些年来办过这么多场茶会，哪些对您来说印象最深？

李：我们在 2004 年首次把茶会搬到剧场里，当时是专门展示给美国探索频道（Discovery）的，向他们展现茶的艺术。当时很轰动，算是一个壮举。我们坚持把茶放到一个剧场，是为了让世界认同：茶不止是一杯饮料。即便是现在，我们也还在探索着茶的高度。每场茶会对我来说都是独一无二的，我不会再复制一样的茶会。当下的每场茶会都是令人感动的，就是一期一会。在台湾印象最深的是 2007 年办的名为"饮·影·隐"的茶会。我们在一处破旧的废墟里，摆放了专门定制的 24 套座椅，邀请 24 位茶人，同时服务 100 多位茶客，这场茶会一共持续了 5 天。当时恰逢全球"金融海啸"，可能在剧场有人会说："啊，这茶挺贵的。"但透过这场茶会，我们看到了在经济低迷的环境下，这杯茶对人心的帮助有多大。这场茶会是成功的，当时我们在 1 个月内售出了 600 多张票。这杯茶与当时的剧场设计，包括音乐、舞蹈等，参与过的人，包括我自己，这一生都不会忘记，而且这样的茶会我们不会再重复，也不可能重复了。

事茶这么多年，您觉得自己最大的变化是什么？

李：变化是潜移默化的。一开始你觉得它对你的生活影响不是那么大，但是日子久了，身边的人就看得出你是一位茶人。你散发出来的行为举止、生命态度、生活步调，或者小到你选择的餐厅、身上的配饰，别人从中都能够感觉到这是茶人的标志。一旦你在一个领域久了，自己散发出来的气息跟这个行业是息息相关的。就像日本的陶艺家们，你会发现他们身上有着一样的气息。从事手艺的人，常年专注于某一种技术的训练，不断重复，这会让人的一颗心变得很柔软。茶的训练也是如此，就是不断重复一件自己已然知道的事情。即便是自己常喝的茶，随天气的不同、喝茶对象的变化、感知的差异，每次喝茶的味道也不一样。同一种茶，它的变化是很大的。当你反复地去探索一个看起来似乎已了然于心的事情的时候，结果往往会让你感到惊喜或失望。茶就是最好的一种生活修行。它就像一颗种子，播出去之后，因每个人的禀赋不同，开出不一样的花朵。

茶器创作者

「美真的是不可思议的东西。有的美仿佛就是一些定律，符合了这些定律，所以显得美。但是有的美却不然，这种美之所以显得美的关键，正是它打破了传统的美的定律。所谓的美，也许就是靠人去发现的东西呢。」

本文图片由董全斌提供

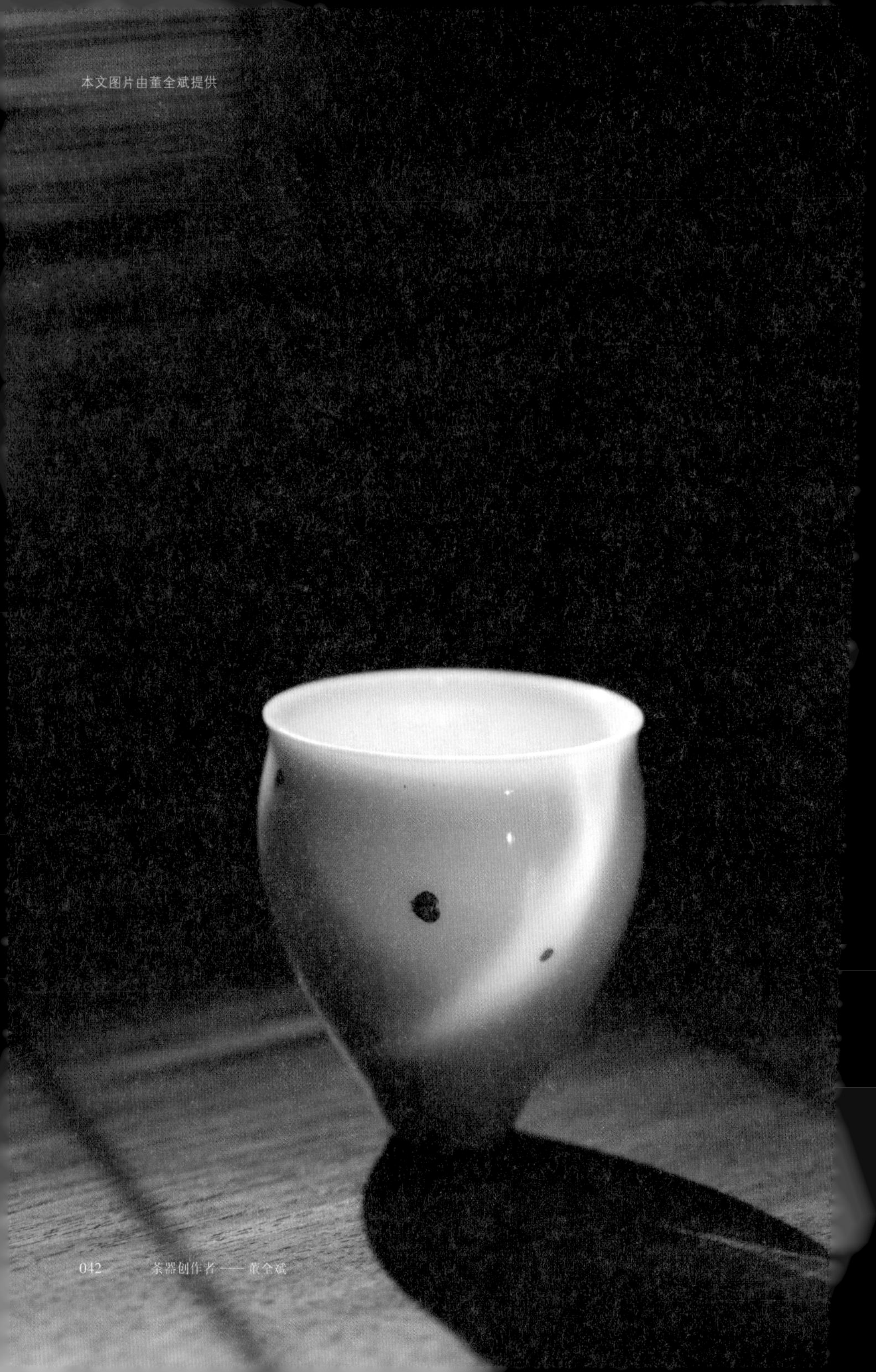

从北京到景德镇

只为从心所欲

董全斌

1979 年出生于河北涿鹿县，曾在北京从事设计。2012 年 4 月，他离开北京，来到景德镇学习陶艺。他把杯与托、壶与承看成一个互为组合的大的系统，并以"互动"为元素创作了《从一片荷叶开始》《九十九只杯》《变化》《花妖》《坐忘》等系列作品。

董全斌现在住在景德镇的湘湖村，他的居所与我们素日所见的平房相差无二，不怎么起眼，灰白的泥墙，朴素得像未上釉的素坯。房子的四周是一片青葱的竹林，没有林立的楼宇。放眼遥望，远处是连绵的绿意和缭绕的晨雾，一派闲逸安静。

　　在搬到景德镇前，董全斌生活在繁华的北京。那时候他从事设计工作，自己还开了一家工作室，生活算是体面。但他一直觉得自己平日埋头于设计，与不同的客户往来，开展不同的设计项目，这种生活其实是活在别人的世界里，活在不同的需求里，所以他一直寻找着一些更加自在的事物，一些自己喜欢的东西。很多人说他是"逃离"北上广，但对董全斌来说，这是自然而然的选择。"我从事过很多不同的行业，其实一直在寻找，而陶瓷正是我寻找了很久的事物。很多时候其他人会觉得这个举动很大，其实对我来说，做这个决定是非常自然和容易的。"

　　"瓷都"虽说是家喻户晓，但董全斌选择去景德镇还得从他的弟弟说起。他的弟弟毕业于景德镇陶院，有次他跟董全斌谈起景德镇，随口说道："去景德镇看看吧，那边有个乐天市集，办得非常好，救活了景德镇。"董全斌听后觉得很是有趣，便决定去一趟景德镇。相比于北京，景德镇的节奏更缓慢些，民风世故也简单些。在这里，许多陶房都敞开着房门，但凡喜欢陶瓷工艺的人都可以进去看看师傅拉坯修坯，学到不同的工艺。所以来到景德镇后，董全斌渐渐喜欢上了这个地方，并思忖着做陶瓷，于是便有了董全斌一家三口搬到景德镇湘湖村的后话。

变化系列：高足莲瓣杯 | 这是董全斌以"莲"为灵感创作的茶杯，瓷泥在 1330 度高温还原烧成，杯沿突破以往瓷杯光滑的设计，形成不规则的缺口。

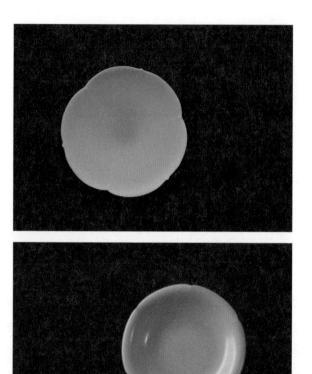

1. 莲系列：三生玉釉荷叶碟 | 董全斌用泥筋勾勒出叶脉的细纹，用厚厚的釉料将之覆盖，在 1330 度的高温烧成后冷却，釉料透明，玉质感强烈，像张开的荷叶一样。

2. 莲系列：玉釉葵口碟 | 该碟呈六曲莲叶形，取自莲叶自然饱满的姿态，弧壁，圈足。胎土细腻坚致，胎色白洁，通体施玉釉，釉面莹润。

在景德镇，董全斌常常光顾当地的"鬼市"，到那儿淘一些老窑口的瓷片，从这些破碎的瓷片看出一些端倪，联想着当年制瓷人的土料配比、拉坯手法、釉料等。同时，他还走访了当地不同的烧窑，向老手艺人学习各种工艺，为的就是更加熟悉土、窑、火的特性，制作出自己满意的作品。

学习陶艺初期，董全斌倾心于宋器，在瓷器创作上追求宋器的美。清代许之衡的《饮流斋说瓷》有载："吾华制瓷可分三大时期：曰宋，曰明，曰清。"陆时雍的《诗镜总论》也谓："今人观宋器，便知不逮古人甚远。"宋代瓷器工艺的繁盛可见一斑。宋代汝、官、哥、钧、定五大名窑出产的瓷器各有特色，比如汝窑以青瓷见著，官窑以素面居多，哥窑多开片，钧窑的釉色华丽夺目，定窑则以温润的白釉瓷传世。纵然有所不同，但宋器的瓷胎细腻质朴，有种含蓄自然的美。溯其源流，正反映出宋代偃武修文、崇尚道教的风气，在这种国风的潜移默化下，宋代文化形成其独有的温文尔雅、平淡素净的特色。董全斌的"玉釉"系列就表现了他追求宋器精神的理念。他以植物的外观为灵感，塑造出"荷""浮萍"样式的瓷器，瓷体质感如玉般柔和清净，犹如澹然浮于水面的荷花，颇具"出于淤泥而不染，濯清涟而不妖"亭亭净植的风姿。

由于自己几乎是没有陶艺基础的门外汉，所以在制器的初期，董全斌的内心既有对新鲜事物的希冀和热情，也有对未知的郁闷和困惑。他没有闲下来，反而疯狂地烧瓷，甚至试过一天烧一窑的程度。一年下来，他烧了近乎 200 窑。这个时期的他不仅烧窑的次数惊人，而且对美的追求也相当执着，甚至可以说是严苛。那时候的他觉得"完美"就是没有瑕疵。对于所有他不满意的作品，哪怕器物只是多了一个小黑点，或者在烧制过程略微变形，他都坚持"宁为玉碎，不为苟全"，通通砸碎。日子久了，屋里堆积的陶瓷碎片也越来越多。久而久之，他开始对这种"美"的理念感到怀疑：或许这只是自己的"执念"罢了？质疑使他开始放慢节奏，把更多的时间放在观察上，观察自然界的万物。

刚搬到景德镇的时候，董全斌的朋友送给了他一小株芭蕉，他把它植在自家院子内，亲自照料。与芭蕉相伴的时光里，他特别留心芭蕉叶子的变化。他发现，有时在强烈的阳光照射下，芭蕉的叶子开始收拢、枯萎乃至凋零。虽说是凋零，但他没有感觉到悲伤，相反他体会到了自然的美，所以后来他决定把植物的生命变化移植到自己的陶瓷中。

他不再追求所谓的"完美"，他在素坯上随机添入一些黑点，呈现枯叶般的质感。焦黄、破碎的杯沿就像芭蕉枯萎的叶边，散发自然的美。他把这个系列唤作"变化"，这既是茶器外观上的变化，也是他内心的一次蜕变。他还开始使用含铁的陶泥，陶泥经过高温还原素烧后呈暗黑色，上釉后继续烧至釉面出现气泡，待器物降温后再进行手工打磨，使胎土裸露，呈现凹凸不平的质感。这样的茶器看上去就像一件旧物，却沉淀着岁月的味道，"花妖"系列便是如此。"我一直在寻找什么是美，慢慢发现原来自然从未设定美的概念。"从追求完美到学会接受不完美，

1. 变化系列：黄玉釉菠萝杯 | 董全斌在坯体中随机预置了黑点，并在素胎表面雕刻了不规则的花纹，让器物有薄厚自然的变形。

2. 变化系列：黄玉釉高足莲纹垂釉杯 | 从这个杯中，董全斌发现了他之前忽略的：在漫山的一簇一簇的树叶中可以看到肉眼看不见的内在支撑的枝干，叶片从树的顶端开始聚散，然后落下，枯萎消失。

1 2

花妖系列：陶泥莲瓣壶承｜通过观察莲的舒卷所带来的柔和感，以及隐藏在叶片背后的细细筋脉，人们可以从中体会到平和带给人的余韵往往是悠长，而强烈的刺激反而难以细细品味。董全斌把自己感受到的柔和的曲线带到器物设计中，希望这宁静之美能够令人感受到愉悦。

学会放下执念，这让董全斌感到释然，也更享受制器的过程。

董全斌喜欢与自然为伴，闲时他会带着孩子到山林中采撷一些植物，拿回院子里种，有时他还会到山里找些适合的泥土，配制陶土。董全斌喜欢张潮《幽梦影》中的那阕词："艺花可以邀蝶，垒石可以邀云，栽松可以邀风，贮水可以邀萍，筑台可以邀月，种蕉可以邀雨，植柳可以邀蝉。"他觉得这反映了人与自然融合互生的美，由此他联系到"制器可以邀茶"。他说："茶发展到今天，除了饮用，更是放松、静思和乐趣。"在他看来，器与茶是一个互动的关系，器物的薄厚、大小、弧度、重量等不仅是对茶本身，对人也有影响。董全斌关注的不单单是器物本身，而是从人的根源出发来思考器物之用。这些年，董全斌造出了上千个杯子，他把杯与托、壶与承看成一个互为组合的大的系统，茶人可以随意组合搭配。他说："在茶和器物的共同作用下，人喝茶的这件事也开始变得越来越有意思，也有了深度。"

董全斌说："很庆幸做了瓷器，这个行当算是为数不多的可以保留独立人格的行当，不必巴结什么势力，因为其所具的实用性，只要不贪心，凭手艺吃一口饱饭，做一城一池的主。在这不独立的世界里竟可成真。万幸万幸。人生只有一次何必趋同。"在安静的湘湖村里，他从练泥、拉坯，到利坯、雕刻，再到上釉、入窑、开窑，周而复始，做着自己喜欢的事情。

◎ 专访董全斌

从北京到景德镇，从设计师到陶艺家，如何做出这个决定？

董：做东西和画画是我从小最喜欢做的事情，我可以一整天做这些事情，什么也不顾。我从事过很多不同的行业，其实一直在寻找，而陶瓷正是我寻找了很久的事物。很多时候其他人会觉得这个举动很大，其实对我来说，做这个决定是非常自然和容易的。虽然我知道现实并不容易，比如子女的教育怎么办？我知道大城市生活便利，也有博物馆、文化活动的中心。但这就是选择，也是一个人如何看待教育、生活，如何获取知识的不同。若一切依赖于大城市的系统，那么这个决定必定难以抉择。但如果以另外的视角看待问题，其实一切都不是最重要的。最重要的还是个体的适合。

环境和文化的改变对您的生活和创作有什么影响？

董：对我来说具体的改变就是两个不同的地方——北京与景德镇。景德镇的生活也开始改变了。我刚来的时候，马路上的车都很少。几年过去后，景德镇越来越像一个大城市，但最初它就是一个小镇。这里节奏慢，大部分人并不着急，以生活为中心，慢下来就可以体会自己看到的事物，有时间细细体味。傍晚我会看云的颜色，一直到天黑。夏天，我可以一个下午就看着水流不停的瀑布。冬天，这里没有暖气，但我会一整天烤着壁炉，看炉子升腾的火苗和冒着热气的壶水。这样的生活给我最大的影响就是发现了从前自己习以为常的生活是如此的陌生。

您创作的灵感来自于什么呢？

董：不停地发现新的规律，这就是我的灵感。如何将这些动人的发现表达出来就是我现在想做的事情。

您制瓷时，如何选择和获取原材料？

董：现在都是自己寻找矿料来炼制。首先是打磨粉碎，然后过筛，留下磨好的细土进行陈腐。陈腐就是泡在水里半年左右，让颗粒分裂得更细，使微生物滋生。这样的好处是能让土更容易地塑形。景德镇发展到现在，其实材料很容易获取，基本在市面上都可以买到，但我一般需要制作不一样的质感，所以会在周边找适合的材料。

您最喜欢哪个系列？

董：还是不太满意现在所做的，我一直在完成着"变化"系列。即使是现在做的茶壶系列，依然延续了"变化"系列带给我的关于"时间"的思考。我在思考着用一种什么样的形态来表达我所发现的时间。

能谈谈您是如何理解"制器可以邀茶"这句话吗？

董：人的发展离不开工具。在发现自然规律下我们借助工具完成了很多不可能的事情。我把"喝茶"也看作一种工具。茶器是喝茶的工具，喝茶是思索的工具。喝茶是通往神游境地的门。茶与器是一个互动的关系，器物的薄厚、大小、弧度、重量等不仅对茶，也会对人产生影响。一人独处有独处时的乐趣，这种状态与多人聚首时不同，这便是"制器可以邀茶"。现在我做的壶越来越小，省去了匀杯，一个人，一把壶，

一杯一壶，从无到有，经历着练泥、拉坯、利坯、凉坯、上釉、入窑、开窑，每一步都倾注着创作者的心意。
摄影 | 马岭

一只杯，最简单地喝茶，从日常琐事中沉静下来，沉浸于内心浮想。这样的时刻，看起来"非必需"，却又不可缺少。

您觉得一件茶器的美体现在什么地方？

董：好用一定是美的生活器物的基础，但也一定不仅仅限于好用。在好用之上还有对生活的新的发现，这使喝茶从此变得不同。

请谈谈您对东方茶文化的理解？您觉得茶道对现代人有什么影响？

董：我只能谈谈茶对我的影响以及我对茶的理解。现在我们都可以吃饱饭了，生活安逸起来了，在大部分城市中，喝茶从过去的一种解渴的饮品变成了现在的一种享受；茶的作用从古时的药用价值发展到如今的心理需求，附加了很多人们对茶的新的发现。对我来说，喝茶是一种帮助我静思的方式。一杯好茶可以让我安静半日，是必不可少的。

您认为民艺今后将会如何传承、发展？

董：民艺复兴是大多数人衣食无忧的情况下集体爆发的一种体现。其实这些传统民艺一直就存活着，只是活在有限的、很少的地方。我们在发现了民艺独特的魅力后，民艺就发展起来了。当民艺的独特的美和用途无可替代时，它自然会传承和发展。

对于自己未来的发展方向，您有什么打算？

董：现在就是完成"一人饮"的系列创作。一人饮，就是生活方式，是主动游离于日常社会生活的另一种生活方式。在这里，物质需求降到最低，暂时与世隔离，把独自思考最大化，以发现以往忽略的规律。

从摇滚乐手到陶艺家

桥本忍的陶艺之路

桥本忍

1969 年出生于日本东京，10 岁那年他随父母定居北海道札幌。20 来岁时，桥本忍开了自己的酒吧，迷上开摩托车和摇滚乐。30 来岁时，他在偶然的机会下体验了陶艺制作，从此迷上陶艺创作。2003 年，他关了自己经营了 11 年的酒吧，开始从事陶艺，并开了自己的工作室"TENSTONE"，其作品以日式简约的风格为主。

提起北海道，难免会让人想起岩井俊二的电影《情书》，唯美的镜头中，冬季漫山裹着皑皑白雪，人问寒山道，寒山路不通。严寒驱散了夏季云集避暑的人群和喧嚣，只剩零落的路人在街道上缓缓而行，周围一片安静。每次想起女主人公对着空旷的大山喊："你好吗？我很好！"的那个画面时，便感到在这片冰冷、安静的土地上，人们始终内敛地表达着对爱和生活的热情。住在北海道的陶艺家桥本忍所创作的作品中，黑白陶器给人以安静的印象，内在则饱含着桥本忍对生活和创作的热情和丰富的情感。

桥本忍出生在东京，10 岁之前都生活在这个车水马龙的大都市。后来他的父母辞去了公司的工作，举家移居北海道，并在那里经营一家咖啡馆。因为咖啡馆常常需要用到很多陶瓷杯，一方面想节省成本，另一方面想找一些有特色的杯子，他们家的咖啡馆开始烧制一些陶瓷，放在店内使用，有剩余的就卖给顾客，赚点小钱。不过对于咖啡馆的事情，桥本忍很少过问，许多事都是后知后觉，反而是自己习陶后回忆起来，方才恍然大悟，原来自己与陶器还颇有缘分。

生于 20 世纪 60 年代末的桥本忍，年轻时候受到了西方文化的影响，当时英国摇滚的风潮席卷日本，就像小野洋子爱上披头士的约翰·列侬，义无反顾，桥本忍也迷上了这种崇尚自由、个性和理想的摇滚乐。他蓄着一头及肩的棕色中长发，双臂上留着文身，没事就喜欢骑着摩托车四处溜达，俨然一副街头少年的模样，骨子里是年轻人满满的热血和不羁。

1. 黑色釉裂杯 | 釉裂纹理是桥本忍作品的一大特色，釉彩在陶器出窑冷却的过程中，随着温度的降低而收缩并形成独一无二的纹理。

2. 黑色釉裂片口 | 片口在喝日本茶的时候，可作冷却开水用的器皿；在喝中国茶的时候，可作茶海；在喝日本酒时，还可作注器，是一样非常便利的器具。

1

2

20来岁的时候，他在札幌的薄野开了一家酒吧，还和朋友组了一支乐队，时不时在酒吧里表演。那段时光里，他一边玩摇滚，一边骑摩托车，去旅行，生活悠然自得。

摇滚歌手、酒吧老板和陶艺家，前两者和后者的身份似乎有着很大的差异，但对于桥本忍而言，3个身份是共同存在的，这都是他自己。和陶的相遇，对他来说，是找到了自我和生活的另一面。

第一次接触陶土是源于他的一位朋友的突发奇想，记得那天，他的朋友忽地提议道，想去体验一下陶艺创作。出于好奇，桥本忍便也答应了，跟着去了这位朋友的老家。大伙儿就在那儿，第一次一起制作陶器。这次的偶然体验，让桥本忍感触很深。他发现，原来在大家眼里无用的泥土，经过双手的创作和打造，竟能够成为一件为世人所用的器皿。现在，人们生活在物质丰富的时代，很多东西都由工厂设计和制作，再经由经销商去到千家万户的家里，所以有人会忘了在工业时代到来之前，传统的匠人是从零开始，和泥、拉坯、打磨、烧制，一步一步制作出有形的器具，这多么难能可贵。

在现代生活中，即便有很多比陶土更优秀的新材料，比手艺更先进的加工技术，但在许多地方，尤其是日本，人们在生活里依然使用着简单的"土之器""木之器"，好像又回归到了古代人们使用土器和树叶来盛装食物一样。桥本忍想，这或许就是我们对"舒适"和"合理性"的一种记忆吧。这就好像是刻在了我们的基因里面，所以总有人想捧着一个手作茶碗，悠然自在地喝茶，而不是选择一个看不到任何制作痕迹的工艺品。从朋友老家回来后，桥本忍的脑子里总想着这些事情，也惦记着这份体验。半年后，他毅然关了自己经营了 11 年的酒吧，开始自己的陶艺之旅。

平时性格活跃的桥本忍，一坐到轳辘前，就会变得很沉静。他笑言："拉坯的时候，我一般不会去想太多关于作品的事情，反而，我会去听听新闻。平时那些我不太懂的，比如经济、政治之类的复杂问题，这个时候像是突然开窍般，我都能理解了，而且还蛮透彻的，为什么会这样，我也搞不懂。"

受日本文化的熏陶，桥本忍的茶器没有过多的修饰，而更注重器具的形态和质感，以求达到简约的形态。他倾向于创作与现代生活方式相符合的和风器物，外观设计虽然不夸张，但并不拘泥于既成的观念，他会根据自己的想象来选择制作的技法。他的茶器以黑白色为主调，白色的器物呈现的不是那种扎眼，没有感情的白，而是温暖可感的；黑色的器物，因为施了铁釉，所以呈现出了硬朗的金属质感。

他把自己对生活的热情，丰富的情感都融入到了陶土中，制作出如铁般沉静的器具。桥本忍很喜欢有釉裂纹的陶器，看上去有点旧旧的感觉。釉裂主要因坯体与釉的膨胀系数的不同而产生，釉在加热过程中膨胀的系数高于坯体，所以在陶器出窑冷却后，釉面收缩率大，从而形成裂纹。釉裂的纹理通常都有微妙的差异，这在桥本忍看来十分有趣。

黑色釉裂钯彩茶碗 | 在黑色釉的基础上加上带有金属感的钯彩，为茶碗带来更加丰富的层次和纹理。

白化妆釉裂的器物干净而温暖，此系列包括花器，以及可用作茶仓或枣（薄茶用的茶罐，因上宽下窄形似"枣"得名）的器皿。

对于 30 多岁才开始接触陶艺的桥本忍来说，其实很多时候创作的技巧都是自学的。"现在我能做到的就是把我想要做的东西表现出来。"为了发展自己的陶艺事业，他开了一家陶艺工作室"TENSTONE"。在日本这个陶艺流派众多的国家，陶艺名家辈出，很少有店铺或展览馆愿意展示籍籍无名的新人作品，所以在初学陶艺时，桥本忍就明白：他需要一个场所可以展示、售卖自己的作品，让自己的作品找到属于它的主人，走进日常生活里，这就是他开工作室最初的念头。"TENSTONE"起初位于札幌的中心地段，桥本忍把它作为自己的工房。后来，桥本忍把工作室搬离了市区，并把它分为工房和展览区，平时会办一些展览对外开放。这些年，桥本忍也陆续收了一些矢志于陶艺的学生。每当他看到他们学成出师，他都倍感欣慰，好像看到了过去的自己一样，他也相信这些学生将来在陶艺界会大有作为。

　　现在的桥本忍，个性和打扮跟年轻时没有太大的变化。他依然那么喜欢骑着摩托车去旅行，喜欢听摇滚乐，也喜欢做陶带给他的一份静谧。他的生活就像北海道这座城的写照，日本人喜欢在酷暑时来这里欢乐一把，然后在冬意渐浓的时节离场，只留它一个白色而安静的雪国。

　茶器创作者 —— 桥本忍

白化妆釉裂小盒
摄影 | 佐藤谦心

◎ 专访桥本忍

您的创作灵感来源于什么？

桥本：我会从各种各样的地方获得灵感，比如，有时我会回忆起一个场景，然后自己想象出一些与这个场景相符合的器具；有时我会想象出某个人家里的饭桌，然后考虑上面应该有什么器具；有时我会想象出一些抽象的东西，比如思考着一件器具独有的美感；有时我会去看看鳞次栉比的街景，获得些灵感。浮世总在不同的场合给予我灵感，但作为一名陶艺家，我觉得自己需要用迄今所积累的人生经验把这些灵感加以消化，然后转化到我的作品上。

对于陶艺家来说，土和釉是十分重要的，您喜欢怎样的土和釉？

桥本：我喜欢土的质感，所以一般我不会使用太细腻的土料。多数情况下，我会在当地的陶艺店铺采购适合自己的材料。至于釉，我自己不太偏好带光泽的玻璃质的釉料，这给我的感觉就像是自己穿了新的皮衣和牛仔裤出门，会感到害羞一样，而穿稍微旧一点点的衣服反而让我感觉正好。调配出令自己满意的釉料是一件非常困难的事情，有时要花费数个月，甚至数年，这都不是什么稀奇的事情。釉裂是我的陶器的特色之一，至于为什么想制作出这样的视觉效果，我想这跟我喜欢"穿稍微旧一点点的衣服"是一样的道理，带点古旧的味道。但其实白色釉裂和黑色釉裂的制作方式完全不一样，黑色釉裂需要耗费很多时间，我想至少需要 4 年的时间吧。

请用一两句话来概括您的作品特色。

桥本：如果要用一句话来概括我的作品的话，我希望是"静谧之中带着强韧之力"。

您有仰慕的陶艺家吗？他们对您有怎样的影响？

桥本：我是在一次偶然的陶艺体验中喜欢上陶艺的，基本上我开始从事陶艺创作的时候，对陶艺方面的专业知识毫无所知，所以我并不认识哪些有名的陶艺家，平时也少去关注陶艺大师。我更多是顺应着自己的意愿和想象来创作器具，我觉得这很有乐趣。但后来，当我开始以一名陶艺家的身份参加一些日本、中国台湾地区的展览后，我经常有机会和一些同辈的陶艺家一起工作，这让我获得了不少启发。

在您看来，一件茶器的美应该体现在哪些方面？

桥本：我对美的看法一直都在改变，虽然一些根本理念是不会改变的，比如我偏爱日式的简约风格。但我觉得陶艺家的表现手法是多变的，通过使用不同的釉，改变陶土的配比、烧成方法等，我们可以制作出质感不一的器具。自学陶以来，我总想着做出一些我当下认为是"美"的东西。在我看来，作为生活器具的一类，茶器有着"为人所用"的这么一种美。虽然有时候这种美会被单纯地认为是一种功能上的"美"，但是我感觉，只有当这种"为人所用"的美融合到某些特定环境中，这种美才能发挥到其最大程度——那就是与使用者发生联系。茶器的美在于其所"不足"，因为茶器的美并不仅仅成就在器物自身，而是融入环境当中时才能功成名就。这不单单是一件物品散发出来的美，而是当这件物品被人捧在手心时所散发的美，被用来盛装食物时所散发的美。

日本传统茶道、陶艺名声在外，能谈谈本土传统文化、审美给您创作带来的启发和影响吗？

桥本：老实说，其实我只练习过一点点茶道，谈不上是茶道中人。但如果以一位日本人的角度看，我觉得自己的审美意识里头有着日本文化的精髓。这是自然而然的，当艺术家越接近创作本质的时候，这种文化精髓就越能够体现出来。茶从中国东渡到日本，从村田珠光开始，也就是千利休的师父，便开始崇尚"侘寂"的茶道。

据我所知，茶道最初是盛行于佛寺的礼仪，可以说是一种身份的象征。当时人们所使用的茶器，所修建的茶室，乃至茶室的装饰，都是极尽奢华的。后来经过村田珠光、千利休等茶人的普及，茶道慢慢走进了普通百姓的家，茶器和茶室的设计逐渐形成"侘寂"的风格。千利休后来不断推崇这种"侘寂"的美学，在某种程度上来说，这可以说是日本美学的源流。所以即使平时没有进行很多的茶道修行，我感觉自己与日本的传统文化和茶的美学还是有很深的渊源。

作为一名陶艺家，您觉得美好的陶器会给我们生活带来什么？

桥本：陶器作为生活中的配角，如果它们能够给人们带来那么一点好心情的话，那真是太好了。

素履之往的陶人

装得下生活的温润粉引

小山乃文彦

1967 年出生在熊本县，后移居爱知县常滑市，以作陶为业。早年他在常滑陶艺研究所学习陶艺，后在常滑出师成为独立陶艺家。他用常滑的土，创作出温暖可感的粉引陶器。

看着小山乃文彦创作的器物，想着木心的《从前慢》："从前的日色变得慢，车，马，邮件都慢，一生只够爱一个人。"油然间觉得说的是小山乃文彦，仿佛看到他在安静的陶房里有条不紊地拉坯、施釉的身影。每天反复的工序没有磨灭他的耐性和新鲜感，相反，他享受着这种十年如一日的生活和创作，他的一生，似乎也只够守候这片朴素的粉引。没有华美的装饰，没有夸张的造型，小山乃文彦的茶陶，是那一抹温润的白，那一股土壤的气息和那一段宁静温暖的生活光景。

　　小山乃文彦出生在日本熊本县的一个小村里，生活过得很简单。小时候，小山乃文彦常常自己做些玩具，久而久之，便喜欢上了手工制作。后来他在父亲的劝谏下，离开了家乡，到东京念大学。尽管当时小山乃文彦学习的是商科，但他更喜欢陶艺，并加入了大学里的陶艺社。毕业后，他带着成为一名陶艺家的梦想，离开东京，前往日本常滑市，进入常滑的陶艺研究所学习陶瓷器制作。

　　常滑位于爱知县，是日本六大传统古窑之一。"常滑烧"可以追溯到 12 世纪，约平安时代末期，当时人们主要烧制壶、大瓶子、大坛子等日用器皿。起初"常滑烧"在烧制陶器时不使用釉料，这种技法又被称作"自然釉"烧制法。到了桃山时代，常滑的陶匠开始生产茶道用的器具。在江户时代，陶匠使用当地含铁量较多的"朱泥"来烧制陶器，成为"常滑烧"的特色陶器之一，"常滑烧"也随之为人所熟知。20世纪 70 年代，"常滑烧"更被指定为国家传统工艺品，受到广泛的认可。

粉引片口 | 粉引带出了土的质感，同时曲线的设计更加符合使用者手握的习惯，从中可以看出创作者的细腻思考。

起初，小山乃文彦在常滑学习的日子并不一帆风顺，他曾一度因为不适应当地的风俗民情而选择离开。然而几经辗转，他又重新回到常滑。这一次他变沉着了，决定用常滑的土来制作有自己风格的陶器，经过千百次反复地尝试，最后他选择了粉引，与粉引相守一生。

"粉引"是一种在素坯的表面涂上白化妆土后进行烧成的技法，因为看上去像风吹起的一片粉末，所以也被称为"粉吹"。"粉引"一词虽然来自日本，但粉引的本源可追溯到中国中古时期。那时候人们尚未能获得白色的胎土，为了使胎体呈现白色，人们开始使用"白化妆"。"白化妆"就是把化妆土溶于水后，施于素坯表面，形成一种装饰层，使得胎体表面光滑平整，覆盖胎体的不良呈色等。经过"白化妆"后，人们还可以施上一层透明釉，让胎体看起来柔和滋润。但后来随着中国陶瓷艺的发展，配制白色胎土不再是难事，所以"白化妆"渐渐为人所淘汰。

然而这种技法却在14—15世纪由朝鲜半岛传到了日本。由于日本本地的土富含铁，难以得到真正洁白的胎体，所以日本陶匠为了制作出白色陶瓷，便沿用了这种传统的"白化妆"技法，也就是大家熟悉的粉引。20世纪初，受到战乱、社会变革、工业化浪潮的影响，日本的陶器手工业曾一度萎靡，后因柳宗悦、河井宽次郎等人大力倡导民艺运动，许多日本传统手工艺才能得以传承了下来，粉引便是其中的一种。

刚开始制作粉引器皿时，小山乃文彦常常会被人误解。"那时候大家不是很了解粉引，我因此遭到许多批评。看到我作品的人总是问我接下来是不是还会在上面绘图或者为什么要做这么无聊的作品。"尽管质疑声不断，但小山乃文彦一直没有放弃粉引，在他看来，粉引会因原料和烧成技法的不同而呈现出各种各样的纹理和质感。有时候粉引在烧制的过程中，胎土的铁质或者是泥土的颗粒会隐隐约约浮现出来，给人一种朴素温暖的感觉。"我理想中的粉引器具是既能让化妆土柔和地覆盖于陶土之上，透出温润的白，又能够让人们感受到土壤的气息"，小山乃文彦如是说道。比起釉质晶莹如玉的白瓷，粉引显得朴素温暖，带着一股浓浓的生活气息，挥之不去。与许多白色陶器一样，粉引在盛装食物饮品后，尤其是深色的食物，容易吸附食物的色素，产生小斑点。随着时间的推移，这些小斑点会变得愈来愈有味道，仿佛成了记忆的一部分，记录着它的主人的生活点滴。

在小山乃文彦的工房前面，有一片农田，他在制陶之余会打理下田务。蔬菜水果的收成时候到了，他就采摘一些带回家里让妻子烹调，盛装在他制作的粉引器具中，然后一家人围坐桌前，一起吃饭喝茶，简单的生活里充满着乐趣和温度。小山乃文彦总以真诚而朴素的态度善待着自己的创作和生活，他希望通过自己制作的器物，能为使用者的生活或心情带来些变化，就像他说的那样："如果我制作的器具能够让人们的日常生活变得丰富多彩，哪怕只是一点点，我也会感到无比的愉悦。"

茶器创作者 —— 小山乃文彦

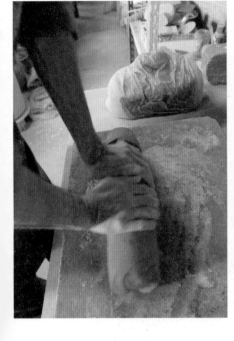

1. 木结构的陶房里弥漫着陶土的气味，桌面上的粉引茶壶整齐有序地摆放着，小山乃文彦不紧不慢地穿上工作时的衣服，开始一天的创作。

2. 挑选好适合的土后，便可以开始和泥和练泥，准备好陶土。

3. 小山乃文彦正在制作茶壶的主体，他借助小铲子从茶壶的内部开始，将之拉圆。拉坯决定着茶壶的形状，所以他专注在辘轳台上，神情认真。

◎ 专访小山乃文彦

是什么促使您走上陶艺创作之路？为什么会选择常滑？传统的常滑烧对您的创作有哪些影响？

小山：我成长在一个被山环绕着、物质不太充裕的乡下里。孩提时代，自己动手做玩具是一件理所当然的事情。削木头、破竹子、制作东西对于我来说是一件非常快乐的事情。当时，年幼的我不禁想："如果能够一直都这样就好了"，心里暗暗思忖着长大后要从事手工制作方面的工作。上大学以后，我想起小学画图和上手工课时制作粗陶器的快乐，于是加入了陶艺社，这是我开始陶艺生涯的契机。从那以后，我以成为一名职业陶艺家为目标。

离开大学校园后，我来到了陶瓷名产地的常滑。当时常滑的陶瓷产业充满活力，有许多有名的陶艺家。我非常希望自己能够在这么一种氛围中受到启发，迸发灵感，于是选择了常滑。此外，我选择常滑的另外一个重要原因是：当时收留我作为研修生的常滑陶艺研究所是免学费的（现在要收费）。

常滑作为日本的六大古窑所在地之一，即使是现在，我也能够近距离接触到一些古陶瓷名品。我从这些古陶瓷名品中学习，时而被折服，时而持批判，慢慢地摸索出富有我个人特色的陶艺风格。如今，我的作品风格虽然看起来与传统的常滑烧有所分离，但其实是受到了常滑烧的莫大影响。

您的创作灵感来源于什么？

小山：我的创作灵感来源于"日常的器具"。日常生活中，我也会制作一些自己想试着使用的器具，所以当季的食材和妻子亲手制作的料理也会成为我的灵感来源。除此之外，当我每次接触到陶土的时候，也会有所启发。

您是如何选择合适的陶土的？粉引的白化妆土从哪里获得？

小山：制作粉引的素坯的时候，我一般使用含铁量较高的陶土。当然，原材料的耐火度和颗粒度很大程度上也会影响白化妆的成色和质感。虽然我知道除了自己常用的陶土外，一定还有其他能够呈现白化妆的理想陶土，但由于我有着"想用常滑的土来制作自己的作品"这么一个念头，所以现在主要使用常滑的土来创作。

化妆土的主要成分是高岭土。然而非常遗憾的是，因为这种土在日本很难入手，所以我都是用从中国、韩国进口的化妆土。

为什么您会一直坚持这种单色的创作呢？对您而言，粉引的美体现在什么地方？

小山：粉引器具会因为原料和烧成技法的不同而呈现出各种各样的纹理和质感。不同原料可以搭配不同的烧成技法，这样的搭配方式可以很多样化，如此一来，白化妆呈现的白也是千差万别的，所以即使长年都制作粉引器具，我也不会觉得看得厌烦。我理想中的粉引器具是既能让化妆土柔和地覆盖于陶土之上，透出温润的白，又能够让人们感受到土壤的气息。

1. 粉引茶壶 | 这是小山乃文彦所创作的最受欢迎的茶壶之一，器皿的外形简洁，粉引透出温暖的光。
2. 粉引茶碗 | 质地柔和且厚重的粉引覆盖在陶土之上，乍看像是隆冬时节山上那皑皑积雪。

您在制作茶陶时，最喜欢的是哪个过程？最困难的又是什么？

小山：举例说，我很喜欢制作茶壶的过程。由于壶身、壶盖、壶把、壶嘴等各个部分我都是分开制作的，所以当我把它们组合起来时，往往会得到和自己最初想象的形态有所不同的作品。无论制作多少个茶壶，我都能体会到犹如初次制作般的新鲜感，这真的是一件让人愉快的事情。

最难的制作过程大概是上化妆土了。因为要在器具进行初步烧制之前半干燥的状态下给器具上化妆土，所以器具在短短几分钟内坏掉的情况经常发生，而制作茶壶时，这个步骤就更困难了。虽然我们可以在器具经过初步烧制后再上化妆土，但要论粉引呈现的效果，当然还是在初步烧制前上化妆土这种方法能更好地让化妆土和陶坯融合，从而呈现出更美的粉引效果。

陶艺给您本人和您的生活带来什么变化？能否谈谈您未来的计划？

小山：在我每天的生活中，工作占了相当大的一部分。因为能够把制作陶器这么一件自己最喜欢的事情当作自己的工作，日常生活里让我感到厌烦的东西也渐渐消失无踪了。试问还有什么事情能比按着自己的节奏，自由自在地工作更让人感到快乐呢？而且我觉得这对一个人来说，是理所当然的事情。今后，我打算建一个柴窑，现在我使用的是煤气窑。我并不觉得只有柴火才能烧出好的陶器，但是，如果能够不依赖于化石原料烧出让自己满意的陶器，这是一件极好的事情呢。

艺术形式可反映创作者的个性和审美等，您希望透过自己的作品传达怎样的审美观和价值观？

小山：我的审美意识起源于小时候在山上看到的一株桔梗花。我至今依然记得当时的情景：繁茂的荒草丛中，一株桔梗亭亭玉立，从这姿态中，即使是年幼的我也能够感到一种典雅与美妙，以至于看得出了神。从那以后，"兼备高雅与自然的坚韧"就成了我所认同的美。我希望能够把这种美体现在日常器具上。

您希望使用者与您或者您的器物有怎样的互动？

小山：如果我制作的器具能够让人们的日常生活变得丰富多彩，哪怕只是一点点，我也会感到无比的愉悦。同时我觉得我的思想能通过自己制作的器具传达给使用者，因为器具而与大家有所联系，这让我感到有所依靠，非常安心。

能描述下您平日的生活吗？平时都有哪些爱好？

小山：我每天做陶器之余，会种种田、做做木工、破破柴、烹饪料理。我用的柴火炉虽然只是几千日元买来的东西，但是经过我的改造后，燃烧效率提高了，也完全不会冒烟；而柴料是利用建筑的废材，所以我的暖气费就约为零了。我还自己制作了能够卫生地把排泄物取出来的厕所，并把处理过后的排泄物用作肥料施于田地。对于生存最低限度所需的东西我都争取自己动手，这对我来说就是自立与自由。朝着这个理想，我每天认真思考，多多实践，这对我来说也算是一个永远不会感觉到无趣的兴趣爱好。

飞鸟与诗歌

装满童趣和想象的器物

大江宪一

1975 年生于日本爱知县，是日本新生代陶艺家。他曾在日本最重要的陶瓷中心之一濑户市接受专门陶艺训练，1995 年毕业后继续到著名的多治见市陶瓷器意匠研究所进修，1999 年成为独立陶艺家，目前他主要在岐阜地区的工作室进行创作。

大江宪一创作的许多器皿上常常会有一只小鸟形状的盖钮或壶钮，小鸟的轮廓简单，像小孩子随意捏制而成，圆鼓鼓的眼睛，尖尖的喙，看上去憨态可掬，招人喜欢。从大江宪一的器物中，能感觉到他身上的那份童真。他说自己喜欢制作模型，时常带着有趣好玩的心情来创作。曾问过大江宪一先生：器物上"小鸟"是不是有特殊的含义，原以为能够问出些所以然，但他只是轻描淡写地说："只能说是我自己非常喜欢这个主题吧。"话语里带着他那一贯随性、无所拘束的口吻。

　　说起自己与陶艺的结缘，大江宪一笑言是糊里糊涂地走上了陶艺这条路，他曾先后在濑户和多治见研修过陶艺创作，在日本，这两个地方都是知名的陶艺中心。大江宪一创作的主要是粗陶器，因陶土的颗粒较粗，粗陶与釉料经过高温烧成后，器物表面会有杂色和釉点，有时还带有金属般的质感。在器形上，大江宪一喜欢在器物表面刻出棱线纹理，凸显了器物的线条感和层次感，外形更加洗练。与此同时，壶钮和盖钮上的小鸟状装饰则柔和了陶土的粗粝感和金属般釉色带来的冰冷感，展现出手艺人富有感性、童真而风趣的一面。器物仿佛成了生活的一首诗、一曲歌，小鸟化作了诗与歌中的意象，让人从中读出不一样的意味，正如大江宪一所说："创作中我注重在相对规整稳定的造型中，融入打破平衡的细节，形成一种巧妙的边界。"

　　日常生活是大江宪一创作灵感的主要来源。如果他不制作陶器的话，可能他会到处去玩。他是一个充满活力的人，特别喜欢户外活动，尤其

茶壶 | 大江宪一喜欢中国夏商时期的青铜器，尤其是爵类的器皿，他的作品也常带有金属的质感，斑驳的纹理像是锈迹般，记录着时间留下的痕迹。

1. 提梁壶 | 为茶壶打造的金属提梁上，工具敲击、打磨所留下的痕迹清晰可见，更添古旧感。
2. 酱油壶 | 大江宪一的成名作之一，酱油瓶虽不是茶席上的常客，但作品依然浸染着他风趣的性情，看上去还是有着某种鸟类的模样，尖尖的壶嘴像是鸟的喙。

1

——

2

是飞蝇钓和露营，常常可以在他的社交账户上看到他分享自己钓鱼的乐趣和成果，笑得不亦乐乎。有时工作忙了，他还忍不住感叹："现在工作变得非常繁忙，分给自己的兴趣的时间也少了。"对生活总是抱有热情让大江宪一创作出的作品不仅能够满足生活的实用性，而且能够挖掘生活本身的乐趣和味道。大江宪一除了制作茶器，也创作各种食器，其中酱油壶可以说是他的成名之作。他的酱油壶外形简洁，壶身是其经典的棱线纹。很多使用过他的酱油壶的人都表示对之爱不释手，因为当壶身倾斜，酱油倾泻出来时，会在空中划出一条漂亮的弧线。他还创作过各种造型的箸置，就是用于搁置筷子的食具，他创作的花生造型的箸置也很受欢迎，一颗颗花生摆在餐桌上，不管是装饰还是使用，都别有一番风味。平凡的生活器具在他的巧妙设计下，变得饶有乐趣，就像他说的，他希望自己的作品是细腻与风趣的共存。

受日本传统美学的影响，大江宪一喜欢生活中的一些老物件。在这种美学意识的熏陶下，他的作品很自然地也显得质朴古旧。他认为旧物是有故事的，可能是手艺人与器物间的故事，也可能是手艺人和使用者间的故事。"我常觉得我与使用我创作的器物的人之间的互动可以比喻成信息的传递与反馈。"人与人之间因为一些物件能够产生语言之外的交流，这是造物的美好之处。

◎ 专访大江宪一

请分享您与陶艺结缘的故事。

> 大江：我可以说是稀里糊涂地就走上了陶艺创作这条路的。当年我不想上大学，心里琢磨着去学点手艺活。后来打听，发现附近有教授烧陶瓷的职业培训学校，于是便去那里学习。我觉得在培训学校，不管学什么，之后从事的应该也是这类型的工作吧。如果是学习木工，就成为制作家具的职人；如果是学习玻璃制作，就成为玻璃工艺家。我当时也是抱着学着看看的心理。起初我是到濑户市的学校学习了一年，但因为陶器创作要学习的东西非常多，一年的时间远远不够，所以我就到濑户附近的多治见市，在那里的陶瓷器意匠研究所继续学习。

请用一两句话形容您的作品。

> 大江：虽然很难用一句话来概括我的作品的特色，但创作中我注重在相对规整稳定的造型中，融入打破平衡的细节，形成一种巧妙的边界。

您喜欢使用什么土料和釉料制作陶器？目前主要采用什么烧窑来烧制陶器？

> 大江：对于所有的作品，我都有自己的一套讲究。选择陶和釉时，我会制作一些试验品，然后从大量的试验中选取适合的。目前我使用煤气窑和电力窑，烧成的时间为 14 ~ 20 小时。

整齐摆放着的素坯等待着入窑的沥炼；小鸟状的壶钮则安静地等候着它们即将栖息于其上的茶壶。

　　茶器创作者 ——— 大江宪一

制瓷时您最喜欢的是哪个过程？您觉得最困难的是什么？

　　大江：从小我就非常喜欢制作模型，把东西组装起来的是一件让我感到快乐的事情，所以在陶器创作上我也很喜欢把不同部件组合起来的这个过程。最让我感到无奈的应该是要把握作品的整体平衡。

您希望茶器、茶器创作者和使用者三者是怎样的关系？

　　大江：我常觉得自己与使用我创作的器物的人之间的互动可以比喻成信息的传递与反馈。对我自身而言，制作优秀的作品就是传递出一种信息；对于使用者而言，在众多的陶器作品中，他或她选中了我的作品就是对我传递出的信息的一种反馈。这样就足够了，其他我就不怎么奢望了。这正是创作者与茶人之间的一种意识上的交流。

请分享一下您是如何走进茶的世界的，谈谈您对茶道的理解。

　　大江：我大约是在 2015 年开始制作中国茶的茶器，当时也在台湾举办了个展。在了解中国茶之后，我对于茶器的制作有了新的认识。在制作日本茶器（如茶碗、急须等）与制作日常食器时，我感觉两者是有很大区别的，在意识精神上的付出就很不一样，日本茶道是注重仪式和礼节的一种艺术形式。

　　与之类似的，在制作中国茶器和日本茶器的时候，我所秉持的意识状态也是完全不一样的。以前我一直觉得中国茶的门槛比较高，不过慢慢接触中国茶之后，发现享受喝的过程很重要，现在自己也可以像喝咖啡或英式红茶那样，轻松愉快地喝中国茶了。

不期而至的重逢

美是需要人去发现的东西

小泽章子

出生在日本福冈县，1978 年毕业于金泽美术工艺大学油画系。毕业后曾从事平面设计工作，后来机缘巧合来到爱知县濑户市，并在此开始自己的陶艺生涯。她使用炭化高温还原烧成法烧出的陶器质朴自然，充分展现了土的纹理和质感。

小泽章子第一次接触陶器是在她 10 岁的时候。那年邻居的一位姐姐带着她去附近的陶窑玩耍，那位姐姐亲手制作了一个陶瓷杯送给小泽章子。她收到陶杯后自然是开心，对面前这位会做陶器的姐姐更是心生羡慕。这段经历就像是一颗种子，埋在她那懵懂的岁月里。在小泽章子的记忆中，父母对日本文学的喜爱深深地影响着她。"朝颜生花藤，千转百回绕钓瓶，但求人之水""古池塘，青蛙跳入水中央，一声响""扫庭抱帚忘雪"，小泽章子在俳句里感受到了俳人对自然、世事所感怀的细腻情感，对充满诗意的东方美学心生向往。在文学的熏陶下，小泽章子渐渐走进了艺术的世界，探索各种美的形式。大学时期，她选择学习油画。毕业后，她从事着平面设计的工作。虽然一路走来也算顺利，但小泽章子觉得这样的生活和工作却不是自己想要的。"对于我来说，学生时代接触的油画画材，还有毕业后从事的平面设计工作都让我感到不适应，那时我刚好有一个能够从事立体设计的机会，于是我便选择移居到濑户市。"因为这个偶然的机会，小泽章子在濑户与陶艺重逢了。

　　濑户是日本六个古陶窑之一，濑户烧与备前烧、新乐烧和常滑烧齐名。日语中的"濑户物"指的就是陶瓷，"濑户物屋"则指销售陶瓷的商铺，所以濑户可以说与日本陶瓷有着莫大的渊源。濑户这片土地上蕴藏着丰富的陶土和高岭土，还有许多拥有丰富制陶经验的大师，这些有利的条件都是促使小泽章子后来留在濑户的原因。来到濑户后，她参观了当地一些知名古柴窑。在猿投古窑，她看到了出土的须惠器。须惠器

炭化粉引茶壶 | 茶壶的壶身是炭化烧成，火痕历历在目，与釉色相互映衬。

1. 灰釉茶海 | 不囿于传统茶海的器形，浅灰釉色中泛起令人喜出望外的灰绿色，带给人初春的回忆。
2. 炭化灰釉茶杯 | 小泽章子表示，要在小型器皿上烧出带有韵味的焦色是一件困难的事情，充满了未知的惊喜。

是一种在倾斜土坡内的窑炉中经过高温还原烧成的陶器，外观呈青灰色，色泽层次丰富，是猿投古窑最为著名的古陶器之一。也许是自小便接触日本文学、书法和水墨画等的缘故，小泽章子感觉自己喜欢东方的艺术形式远胜过西方艺术。在濑户，童年的记忆似乎被唤醒了，小泽章子自此迷上了这种土与火的古老艺术。

　　在创作时，小泽章子表示自己心里并没有既定的陶器形状，其茶陶的器形看上去显得朴拙，却又因为这份不刻意为之的自然给人一种恰到好处的感觉。所谓一方水土养一方人，在小泽章子的眼中，土壤跟人一样，有着不同的个性，而陶艺家就是用自己的双手把土壤最自然的面貌展现出来。"最好的作品还是那些恰如其分地表现了土的质感、形态、色彩的作品。"为了避免人力和物力投入过多，同时又获得柴烧所带来的色泽和质感，小泽章子在传统濑户烧的基础上，使用燃气窑，以炭化高温还原烧的方法来烧制陶器，把土与火最原始的魅力展现在陶土上。

　　艺术的形式是多样的，不同的艺术形式之间有着千丝万缕的联系，互相影响借鉴。除了受传统濑户烧的影响，小泽章子的茶陶里也有着茶道美学的影子，蕴含着茶道中的"和敬清寂"。就像在日本茶道的发展历史中，千利休的师父武野绍鸥是一位杰出的茶人，同时他也是第一位把日本和歌带到茶室的茶人。他的这个首创肯定了和歌的艺术地位，也让日本茶道逐步走向民族化。又或者像日本俳人松尾芭蕉，他所创作的俳句字里行间总能读出一些侘寂的味道，而提起侘寂，自然而然也令人想起茶道艺术。小泽章子手中那些朴拙的陶器散发着自然的釉色，像是着了一身素朴的衣裳，显得安静内敛；如柴烧般的火痕恣意地爬满茶陶，如同经过流光的淘洗般，自然中透着几分古寂的禅意。"我期望自己的茶陶，能与素朴幽静的茶庭茶室自然契合，互相映衬，共同形成一种简净的气场，使人能从日常生活中沉定下来，正视心念的流动，追寻禅寂的豁达与通透。"

除了做陶，平时小泽章子也喜欢练习书法和水墨画。她从行云流水的书法中找到了灵感，拾来树枝枯木布置自己的茶席，营造一个自然而灵动的场域。这个场域看上去既像一幅独具东方气韵的画作，又带有几分现代装置艺术的影子。从传统手艺人中获取经验，同时兼容不同的艺术形式，在陶艺创作的路上，小泽章子从来不趋同于特定的一种艺术形式或美学理念。她觉得和歌与俳句里吟咏的那些美好的事物、情感同样可通过陶器来表达，乃至带到茶的空间中。曾经接触的油画、装置艺术等西方艺术形式也不是独立存在于自己的记忆里，而是化作了创作的思源，影响着自己的陶艺创作。"我更喜欢有调性的东西，如果作品能让人体会到风在吹拂的感觉，能让人听到音乐，那该多么让人高兴啊！"如果你问她，何为美？她会慢慢地告诉你："所谓的美，也许就是靠人去发现的东西呢。"

摄影 | 小泽康麿

◎ 专访小泽章子

是什么促使您走上陶艺之路？

小泽：一开始对陶艺有所认识是在我约莫 10 岁的时候。那时候，邻居的姐姐带我到窑户玩，并把她自己做的茶杯当作礼物送给了我。当时我非常仰慕会做陶器的姐姐。大学毕业后，我觉得平面设计的工作并不适合自己，刚好有人把我介绍到了一家公司，那家公司主要出口纪念品到欧美地区，于是我便以此为契机移居到了濑户。在那个公司，我的工作是制作产品的模型，主要用枝木、黏土来制作精细的鸟、兽、人等模型。濑户是日本的陶瓷名城，所以后来我就在那里找到了一个能够独自制作陶器的环境。

油画的功底对您从事陶艺创作有什么帮助？

小泽：绘画的学习经历对于陶器的制作来说，确实有一定的帮助。观察事物的角度，还有器物的造型、材料比例等各方面自是不用说，绘画的经历更让我能够轻松跨越桎梏，获得自由思考的姿态。我认为这种自由自在的姿态对于我来说是至关重要的。

您的创作灵感来源于什么？

小泽：无论是开车的时候，还是泡澡的时候，创作的念头总在我的脑海中挥之不去。五官所能感受到的东西都能成为我的灵感。

植物、光、风、温度和湿度，在大自然中我都能获得很多的灵感。但是最近我觉得，在使用陶土进行创作的过程中，灵感也会不断涌现。

面对着陶土，用自己的手把它捏成某个形状，每一捏在感受着陶土所带来的触感的同时，与陶土不断地进行对话，这让我感觉自己仿佛进入到了陶土当中一样。

能否用一两句话来概括您的作品特色？

小泽：看到我的作品的人常常会以为是出自男性之手。安静之中带有强劲之力，仿佛是粗犷的野性之物，又如纤细的梦幻之物一般。我希望自己的作品能够同时表现出相反的元素。

您是如何选择合适的陶土、釉料的？

小泽：对我来说，与其说是根据作品来选择陶土，倒不如说是根据陶土的特性来决定制作何种形态的作品，以及选择何种釉料。当然，我也有自己所偏好的陶土。平时我们所见的土各具特征，有的土虽然看上去很合适要制作的东西，但实际上却难以成形，或者烧制过后会出现裂痕；有的土则是一眼看上去就让人觉得用来创作是很棘手的，但是我又不禁想到："难道这土块也有其自身所想成为的形态？"虽然这可能会有点夸张，但是泥土自远古以来经过漫长岁月的沉积，不同地方的土有着其各自的记忆，而这些记忆也形成了不同土的个性。我非常希望能够最大限度地展现出这些土本来所具有的魅力。

刚开始制作陶器的时候，我对于釉料并不太关心。话虽如此，灰釉（草木灰釉）倒是让我为之心动。植物燃烧过后化成的灰烬最终玻璃化，成为陶器表面的釉料——这件事实在让我感到非常惊叹。

这么说可能有一点粗野，但是土壤所孕育的植物最终以釉的形式依附于陶器的表面，成为一件艺术品，这难道不是一件非常浪漫的事情？

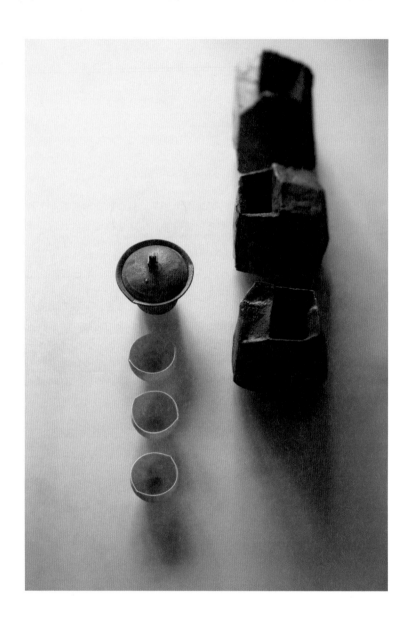

炭化烧成的花器和粉引盖碗有着岩石般的釉色和肌理，三只灰釉花瓣茶杯的器形各不相同，轻淡的釉色
为席间带来一股清新感。

能介绍下您烧陶的方法吗？比如烧窑的类型，燃料的选择等。

小泽：现在我所使用的是两个燃气窑和一个电力窑。在这之前，我也有一个自己做的煤油窑。烧制陶器的燃料有木柴、石炭、煤油、燃气、电力等，陶器的烧成根据燃料的不同也会有相当大的差异。虽然觉得一些原始的燃料能烧制出非常有趣的作品，但烧制过程的把控却是相当难的。

我主要使用燃气窑进行炭化烧成，在还原烧成之后，一边进行强还原，一边慢慢冷却。有的时候我也会把炭和陶坯一起放进窑里进行烧制。比起使用柴火窑，这种方法更加方便控制，同时能够产生窑变。窑变是陶器在烧制过程中，由于窑内温度的变化、火焰的性质等引起的釉色、釉相及器形不确定性的自然变化，这可以更加突出火与泥土的魅力。

炭化还原烧成要在窑中放入炭，所以能够放进窑里的陶坯就比一般的烧成方法要少了。而且炭化烧成所需的时间也比一般的烧成方法要长 4~6 小时，所以，炭化还原烧成法也被称为一种奢侈的烧成方法。此外，在把陶坯和炭一起放进窑里的时候，手艺人需要细心的考虑和丰富的经验才能做得好。

您在制作茶陶时，最喜欢的是哪个过程？最困难的又是什么？

小泽：通过自己的创作，与土和火所带来的力量融为一体，成就一件作品，这让我感到自己仿佛融入大自然的脉动之中，有种无比充实的感觉。

最让我伤脑筋的是烧制过程。但说句真心话，即使考虑周全了，也未必能够得到自己理想的结果。温度、气候还有陶坯入窑前的状态等各种外在因素都影响着一件陶器的成功与否。如果你不尝试着去烧制，就根本不知道你能够得到怎样的作品。

对您而言，怎样的陶器最能打动您，能否举例说明？

小泽：我喜欢须惠器和井户茶碗。虽然我也觉得创新的作品，或者是使用了令人称奇的技法创作的作品，都非常有魅力。但无论如何，最好的作品还是那些恰如其分地表现了土的质感、形态、色彩的作品，当人们看到某个好的作品时，他们会觉得这个作品所呈现的就是它该有的姿态。一件好的作品就应该是这样。

所谓的美真的是不可思议的东西。有的美仿佛就是一些定律，符合了这些定律，所以显得美。但是有的美却不然，这种美之所以显得美的关键，正是它打破了传统的美的定律，完全谈不上是美，甚至可以说是丑。我认为在美的体现中，品位是最为重要的。所谓的美，也许就是靠人去发现的东西呢。

请描述平日的生活。平时有哪些爱好？理想的生活是怎样的？

小泽：我有时候会制作一些洋装。并不局限于泥土、纸、布、金属等，各种素材都能让我从中感受到魅力。

当然，和朋友们一起围坐，享受美味的食物，畅饮美酒也非常棒。除此之外，我也喜欢读书。不过，我最喜欢的也许是放空自己，一个人发呆呢。至于我心目中的理想生活，我希望能够过得认真，有讲究。不在意费工夫，只想好好享受衣食住，能够以安定平稳的心情继续我的陶器创作。

摄影 | 中尾郁夫

不期而至的重逢：美是需要人去发现的东西　　121

1. 炭化粉引茶仓 | 火痕沿着茶仓的器形恣意地往上攀爬，形成耐人寻味的纹理。
2. 炭化粉引茶海 | 小泽章子善于捕捉器皿釉色和质感，在表现器物的古拙之余，带出土的浑厚感。

能谈谈您的家人吗？他们对您的创作有什么影响？

小泽：家人对于我来说非常的重要。我的伴侣非常地理解我，给予我支持，给我营造一个非常好的创作环境。虽然我们一起生活，岁月非常漫长，但他总会不时给我带来新的价值和认知。

我们有两个儿子。抚育他们，与他们一同生活，让我自身也获得了成长。在陪伴着一个新生命成长的过程中，看着他们如何从脆弱无力变得健康茁壮。育儿是一件非常需要忍耐和包容力的事情，这也让我这个还不足够成熟的人共同成长。无论如何，没有什么能比纯粹的喜悦更让人的心灵感到充实了。

陶艺给您本人以及您的生活带来了什么变化？能否谈谈您对未来创作的想法？

小泽：有时候陶艺创作其实挺难获得你想要的结果的。我觉得画油画的话，几乎全程都能够自己掌控，并最终得到自己想要的成果，陶艺创作则不然。因为陶艺最后都需要经过烧制这个步骤，而这又恰恰是不能由你完全掌控的。当我领悟到这点的时候，我对各种事物的看法也就改变了。说得好听点，就是整个人变得更加的谦虚、包容、淡定。

对于我的创作来说，茶器的领域和艺术品（object d'art）这种纯表现的艺术领域就像是车子的两轮，其各自的创作过程都有着相当紧密的联系。如果我把下次做好的茶器以装置艺术（installation art）的形式来展示，然后开一场茶会，这或许非常有趣。这样的茶会就像是茶器与艺术相融合后形成的一种艺术表现。除此之外，最近我又变得想画画了。和纸和墨水也是让我深感有趣的素材。

您是如何和茶结缘的？您觉得茶道对您以及创作有哪些启发或影响？

小泽：从开始制作陶器起，我就特别关注日本茶道。如果撇开了日本茶道，日本的陶器是无从谈起的。桃山时代的陶器有许多非常优秀的作品，而且大部分是和茶道有关的。茶道集大成者千利休的审美意识和对事物的看法，在不知不觉中深深根植在日本人的心里。

在探寻我自己最想制作的陶器的过程中，我博览群书，意识到自己的思想根源中有着禅的意识和极简抽象艺术的偏好。所以，我开始学习禅道和了解千利休。除此之外，赤濑川源平在他的著作《无言的前卫》中提到了现代美术和千利休、日本人的感性精神和千利休等内容，这也使我能更好地探寻自身的本质和陶器创作的方向。

此外，在我与李曙韵老师相遇之前，我并没有想到要制作中国茶的茶具。我与中国茶结缘多亏了李老师。李老师在禅、茶、日本陶器等方面都有非常深的造诣，在她的感性精神中，我能够感受到我们有着一些相似的地方。李老师把我带到茶道这个深奥的世界，我对她深表感激。

无论是现在还是过去，人们通过茶而联系起来，在文化交流中既有惊奇也有喜悦。中国茶风味多样，沏茶前的讲究独特，这实在是让人为之雀跃。在遇到中国茶之前，我把茶器的功能性当作次要的部分去思考，一心扑在如何体现器物的创新性上。但是，当我与中国茶相遇，我发现根据茶器的不同，沏出来的茶的味道也会发生变化。对此感到震惊的同时，我也开始思量如何创作能够沏出好茶、能够让茶人以更加优雅的方式沏茶的茶器。

晴耕雨读的手艺人

看得见呼吸的玻璃

荒川尚也

1953年出生于日本京都府，1978年从北海道大学农学部农业土木系毕业，之后进入札幌市的丰平玻璃工厂，师从巳亦进治，学习玻璃吹制工艺。1981年他回到京都，在京都京丹波町地区创立"晴耕社"玻璃工房，自己调配玻璃配料，以"宙吹法"为主，制作玻璃器皿。

荒川尚也先生来自京都，这是一座以茶文化和手艺著称的千年古都。京都是日本的传统古都，有着源远流长的历史和浓厚的文化底蕴。这里是日本茶道的发源地，从平安时代起，陆续有遣唐归来的僧侣把茶种从中国带回日本京都。由于是东渡的物品，起初茶被视为非常贵重的东西，只有僧侣和贵族等上流社会人士可以享用，后来经过世代茶人的传播才渐渐在民间流行起来。京都不仅见证着日本茶道的发展，也是一座传统手艺人云集、闻名世界的"手工艺之城"。从木艺、陶艺、竹艺到团扇、和伞、和纸等，人们可以在京都觅得继承这些传统手艺的手艺人。他们倾其一生，用温暖的双手去对抗冰冷的机器时代，创作出有温度的作品，故也有人称京都为"心灵故乡"。

　　年轻时，荒川尚也在北海道学习农业土木，但毕业后却选择到玻璃工房里学习吹制玻璃。20世纪70—80年代，适逢石油危机、环境污染、人事费用高涨等问题，日本的玻璃产业举步维艰；此外，塑料制造业的兴起如同雪上加霜，导致许多玻璃工厂相继倒闭。当时踌躇满志的荒川尚也寻遍了许多地方，最后终于在札幌找到了丰平玻璃工厂，并认识了当时工厂的社长巳亦进治先生。荒川尚也回忆道："虽然世道艰辛，但是他仍带领着几名手艺人坚守工厂，以玻璃吹制技术，制作明治时代和大正时代造型朴素的煤油灯和金鱼缸等工艺品。"

　　在日本，最早的玻璃器皿都是舶来品，直到近代才陆续有手艺人尝试这门工艺。日本人常把玻璃称作"硝子"，也指矿石烧制的假水晶。

溪流系列：茶海与茶杯 | 在茶席上用作茶海与茶杯；在酒席上用作片口和酒杯。通透的玻璃上仿佛看得见蜿蜒而行的流水和升腾的空气。

水方 | 水方中的玻璃仿佛是流动的水，在茧状的器形中流转不停。水方的盖子是铝制的，无论是色彩还是质感上，都衬托出玻璃的灵动。

日本的传统玻璃手艺人不仅制作无色透明的玻璃器皿，也制作彩色玻璃。通过在玻璃溶液中加入不同金属元素，人们可制作出不同颜色的玻璃，比如加入铅可以制出明亮如水晶的玻璃，铜可使玻璃呈棕色，少量的锰能够使玻璃呈淡绿色，如果添入的锰元素多些，玻璃则呈淡紫色等。日本的玻璃工艺中还有一种蜚声海内外的"切子"，即雕花玻璃工艺品。切子是一种玻璃冷加工工艺，其中较为出色的是江户切子和萨摩切子，但后来只有江户切子延续了下来。传统的江户切子手艺人首先用横线在玻璃器皿上描出花样的底稿，然后使用钻石砂轮在玻璃表面根据不同的纹饰进行大致的切削，继而使用钻石切刀切磨、雕刻出精细的花样，每一道工艺都马虎不得。江户切子纹饰有笼目、鱼子纹、菊花、篱笆、小竹叶等，精致的纹饰映衬在彩色玻璃上，看上去如水晶般光彩夺目。

　　传统的切子固然美得令人目眩神迷，但荒川尚也在玻璃创作上并不刻意追求这种精致的美。没有太多变幻的色彩或繁复的纹饰，荒川尚也的玻璃器皿净澈明亮，能够看见玻璃的纹理，仿佛带着一股自然的气息。这是受恩师巳亦进治的影响，他曾说："老师傅做的玻璃杯有种独一无二的美。美不在外形，不在设计，仿佛自然凝成，像风，像海浪，像谁的呼吸。"从师父的玻璃器皿中，荒川尚也深刻地感受到了工业制品和手工业制品的区别：手制的每个玻璃不以复制为目的，即使看似相同，但器皿的厚度、形态以及工具所留下的痕迹等是有差异的，所以每个玻璃器皿都是唯一的。

在日本传统的师徒传承制度中,师徒间的"教育"看重的是"育",而不是"教",已亦进治对于自己的徒弟,也是如此。荒川尚也跟着老师傅,更多的是用身体去模仿、感受并记住这些技艺,在反复的制作过程中有所领悟和进步,为自己自立门户积累了厚实的基本功。

在丰平玻璃工厂学习了 3 年后,荒川尚也回到了京都,并在妻子荒川真理子和玻璃工艺家小谷真三的支持下,在京都京丹波町创立了自己的玻璃工房"晴耕社",开始独立制作手工玻璃。从配制玻璃原料、熔烧玻璃到吹制玻璃,荒川尚也都坚持自己完成。制作玻璃器皿时,荒川尚也不使用模具,而采用传统的"宙吹法"。高温熔化的液态玻璃经过人工吹制、旋转、打磨慢慢成形,整个"宙吹"过程,短则 5 分钟,一气呵成;长则一个多小时,反复多次熔烧和吹制。当玻璃的大体形状完成后,荒川尚也再进行加工,加入气泡、褶皱、弯曲、裂纹等细节,经过冷却定型后,每个玻璃器皿都带有其独特的表情和质感。

"晴耕社"玻璃工房位于京丹波町郊外的山脚处,工房是从一座空置的古老农家院子改造而成的。荒川尚也在一次偶然的机会下见到了这座老房子,当时他心里非常喜欢,于是决定在京丹波町住下来。现在工房里有 8 个年轻的助手在帮忙,荒川尚也说:"这 8 位年轻人基本上都希望将来能够成为一名独当一面的玻璃工艺家,并以此为目标努力着。"

玻璃工房附近山林葱郁,溪流汩汩,这种贴近大自然的生活环境给了荒川尚也许多创作的灵感,其中,他最喜欢的是水。他觉得,玻璃有

1. 荒川尚也制作玻璃采用传统的"宙吹法"，从一小团热熔的玻璃开始，慢慢地将它吹成一个小小的玻璃球。
2. 在吹制过程中，还要不断地调整玻璃的器型。

位于京丹波町郊外的"晴耕社"玻璃工房倚靠重重山峦，旁边是大片大片的田地，热气从烟囱中悠然升起，尽显此处的安逸宁静。

着水的通透和不同季节的形态，它像露、像雾、像冰，"溪流系列"和"气泡系列"就是荒川尚也以"水"为灵感创作的玻璃器皿。在荒川尚也眼中，玻璃的美就是光的美。当光透过玻璃，人们仿佛在玻璃中看到水的万千形态，有时看着像清晨的露、飘零的雨、山涧的湍流，倏尔又变成簌簌而落的雪花、高山的冰川……

　　什么是手艺的魅力？作为新一代的玻璃手艺人，经过数十年的探索和实践之后，荒川尚也认为，无论是材料还是人，都是自然的一部分，他希望能够把玻璃做成像有生命的有机体一样，让人能在其中感受自然的共鸣。正如他所说的："人造物是与自然的对话，真正的造物，并不完全由人的单向意图和技术规划控制。"因为有这样的对话，透明的玻璃看似宁静空白，却能够容纳万物；冰冷易碎的玻璃看似令人望而却步，但握在手心却能够萌生暖意。

茶器创作者 —— 荒川尚也

◎ 专访荒川尚也

是什么促使您开始玻璃创作的？谈谈您在札幌学艺时的日子。

荒川：我在大学期间最初学习农业土木，后来发现自己更想当一名手工艺创作者，用双手、身体和感性进行创作。尽管我没有专门学习过美术，却非常喜欢美术和工艺品，因此我常常会参观美术馆和展览会。这些经历孕育了我对日本陶瓷的兴趣。

日本料理和茶会使用各式各样的陶瓷器具，其中既有现代日本陶艺家的作品，也有来自中国和朝鲜半岛的古物。这些手工制作的器皿有着现代工业制品所不能比拟的美。除了陶瓷，玻璃器皿也是常见的用具，遗憾的是当中大部分都是工业制品，沿袭西洋的设计风格与理念，与日本传统陶瓷相比，显得非常突兀。因此，我希望能制作具有日本美学风格的玻璃器皿。

20世纪70年代的日本并没有教授吹制玻璃工艺的学校，只能到玻璃工厂现场学习。我也认为，比起在学校学习理论，在工厂实践更有价值。于是我便四处寻找玻璃工厂，去拜访学习。可是，恰逢世界石油危机、环境公害、人工费用高涨等问题，日本的玻璃工业陷入萎靡，从小手工作坊开始，不同规模的玻璃工厂相继倒闭。同时，塑料制造业的兴起更让那些生产实用玻璃器具的工厂雪上加霜。但就在整个行业面临着寒冬之际，我在札幌的丰平玻璃工厂遇到了当时的社长巳亦进治先生。虽然世道艰辛，但是他仍带领着几名手艺人坚守工厂，以玻璃吹制技术，制作明治时代和大正时代造型朴素的煤油灯和金鱼缸等工艺品，这些产品在当时已经非常罕见了。

巳亦先生对您有哪些影响？

> 荒川：我对于玻璃的所有知识都师承自巳亦先生。在工厂里，使用窑炉之类的相关设备，配制彩色玻璃等工作，大多数都是个人独自完成的。但是吹制玻璃的技术只能够手把手地传授，靠自己的身体去记住，从书本上是学不到的。窑炉的使用方法还有玻璃的配方不能只靠经验传授，还需要大量的阅读。巳亦先生是一个勤奋向上的人，他通过大量阅读来获取相关的知识。在向我传授玻璃工艺时，巳亦先生送了我一本他制作玻璃的手记。自立门户时，我通过翻阅这本手记，掌握了制作窑炉、配制玻璃原料、熔制玻璃等一些技巧，可以说是受益匪浅。

> 巳亦先生最让我感谢和敬佩的地方是，他培养我们，并不只是为了让我们成为合格的工人，而是希望把我们培养成独当一面的玻璃工艺家，把他从自己父亲那里继承过来的玻璃吹制技术继续传承下去。

> 巳亦先生总是积极地安排我这种经验尚浅的新人去代替那些经验老道的前辈们做一些重要的工作。从工厂的经营效率来考虑的话，简直是有点异想天开。如今在日本几乎不存在这样的工厂了，现在常见的模式是，你要交学费才能学习吹制玻璃，而师傅则通过传授工艺来获得报酬。然而，当时我可是一边拿着工资一边学习玻璃制作的工艺。现在我那么热心地培育新一代玻璃工艺家，大概也是在无意之中模仿着巳亦先生吧！

您作品的创作灵感主要来源于什么？

> 荒川：玻璃的外观、熔化玻璃时的物质流动、被裁割下来的玻璃边角料、制作工具的使用痕迹等细节都能成为我的灵感。

1. 茶碗、茶杓、茶筅、茶入、水方等茶道具已备齐，茶人双手放在双膝上正襟危坐，准备开始点茶。
2. 熟练地使用茶杓把抹茶粉从茶入中取出，放于茶杯中。
3. 勺出适量的水倒入茶杯中。
4. 使用茶筅进行调浆，充分释放出抹茶之香气，同时去除茶的涩味，之后便可加水，并用茶筅点打茶汤至出现茶沫。

1 | 2 | 3 | 4

还有一个灵感来源是器物的用途。当我品尝到味道特别的茶、酒和佳肴时，我会依据味蕾的记忆来创作作品。除此之外，我有时候也会依据自己对场所和空间的印象来进行创作。当邂逅能给予我强烈印象的建筑空间和庭院时，我的创作灵感会受到刺激。我会不由得想到，要展现这个空间的光之美，无色透明的玻璃就是最佳的素材，然后甚至会不由得想把能够象征这个空间的玻璃工艺品制作出来。

但说到最重要的灵感来源，还是大自然。山岳的蜿蜒、河川的流淌、大海的波澜，还有云、雾和雪，各种植物和生物的姿态，甚至是偶然捡起的一块小石子……如果我所制作的玻璃能够体现出大自然，那真是太好了。

您制作玻璃需要哪些材料？这些材料都来自什么地方？

荒川：制作玻璃的主要材料是硅砂、纯碱、钾和石灰等。我现在使用的都是日本国内生产的纯碱、钾和石灰，这些都是工业制品，所以只要品质好倒是不拘泥于产地。但是，硅砂是自然的东西，产地不同，其性质也相应有所差异。所以在使用的时候，我会有所区别，把澳大利亚生产的、中国生产的，还有日本生产的硅砂分开。

制作玻璃对窑炉、燃料等有哪些要求？

荒川：熔解炉、作业炉和徐冷炉是必需的。根据制作需要和个人风格配套不同的窑炉是很重要的。评判窑炉的基本标准是能效的高低。

现在，我依然使用并改良着我在玻璃工房设立之初所自制的窑炉，我还学习热力学和燃烧工学之类的知识。窑炉的制作和改良这种像工程师一样的工作，跟创作玻璃相比，有着不一样的乐趣。从前，我一般用煤油做燃料，但现在我开始在煤油中掺入约四成的废弃食用油，脱离化石燃料是我的目标。

请简单介绍下您制作玻璃的工序。最喜欢的是哪个过程？最困难的又是什么？

荒川：制作玻璃首先是用吹管取一些玻璃原料，加热成一小团热熔的玻璃，并将它吹成一个小小的玻璃球。在这个基础上，对玻璃进行弯曲或折叠。所以，这个小玻璃球是最为重要的。如果这个小玻璃球做歪了，作品也就歪了；如果小玻璃球不完整，将来的作品也会不完整。我不使用模具，而是采用"宙吹法"的吹制方法，这仿佛是书法家在挥毫写字，又像音乐家在演奏华章，中途停下来思考或者修改都是不可能的。这种技法不是把零部件做出来再进行组装，而是一气呵成地连续作业。

您创办"晴耕社"的契机是什么？"晴耕社"这名字有什么特殊含义？

荒川：我成立晴耕社玻璃工房的缘由是希望能够学习玻璃配料的调制，用自己独创的玻璃原材料来制作玻璃。无论是过去还是现在，很多玻璃手艺人都是使用别人生产的玻璃配料，并没有尝试着自己去调制玻璃。"晴耕社"取自"晴耕雨读"，这就是我理想中的生活。对我来说，"晴耕"就是创作玻璃工艺品。但是，单单只有"晴耕"是不行的，"雨读"也是必需的。我认为，一个人活着就应该把自己的肉体、头脑、心灵全都活用起来；然后，某一天究竟是晴天还是雨天则是由上天来决定。对于上天所决定的东西，我们必须持有不抱怨的觉悟。

茶器创作者——荒川尚也

**艺术形式可以反映创作者个性和审美等，您希望透过自己的作品传达
怎样的审美观和价值观？**

荒川：作品理所应当会透露出创作者的个性和审美。但是，要去感受、
去理解、去评价这些个性和审美的则是鉴赏这些作品的人，又或是使
用这些作品的人。每个人的资质（认识和天性）有所不同，由此便产
生了不同的见解。也就是说，创作者和观者之间如果没有一些共通点，
那么共鸣就难以产生。

我并不以"把自己的个性表现在作品中"作为我创作的第一目标。
但是因为作品是我内心世界的实体化，所以它反映着我的内心。如果
我的作品所传达出的是一些更具有普世意义的东西，那固然是很好的，
但是我也不会强求要所有的人都能够理解我。

**相比陶、漆、金属等材质，您觉得玻璃的美体现在什么地方？您如何
把这种美带到作品中？**

无色透明的玻璃汇集了四周的光线与色彩，并且能够捕捉它们的变
化。工业制品的玻璃窗会如实反映窗外的风光，透镜则能放大或者缩
小景象。而我创作的玻璃工艺品，在制作的过程中会留下工具的痕迹，
带有放进水里急速冷却或者打击而形成的纹理。因此，当光线穿透器
皿的时候，就能看到光的折射和反射、颜色的融合，以及影像的变形
或者抽象化。抽象化的图像能催生人们自由地想象，如此一来，"美"
也就诞生了。

请谈谈您对茶道的认识。

在茶道方面，我并没有跟着特定流派的老师学习过。日本的茶道在悠长的发展历史中形成了完备的礼法。这些礼法固然是合理的东西，但实在是过于细致入微，所以过去的我并没想着为了把这些全部掌握而进行茶道修炼。特别是年轻的时候，我还有许多想要学习的东西。

但是，作为土生土长的京都人，在我的周围还是渗透着日本的茶道文化，特别是其中的"侘茶"文化。对于当年的我来说，"侘"和"寂"的审美意识与听鲍勃·迪伦的音乐并不相抵触矛盾。至于中国茶，我并没有丰富的知识，但是在几年前有幸认识中国的茶人和老师，于是慢慢开始喝起了中国茶，也参加一些中国茶的茶会。相对于日本茶道，我觉得中国茶更加注重一种自由的氛围，比起讲究精神层面的东西，更注重于品味与享受茶的本身。

在茶席的空间里，茶器、茶人以及茶器的创作者这三者之间必须有着共通的审美意识。但是，这并不是被条条框框所规定和约束的东西。在日本，从千利休的时代开始，茶道便被创造出了一种新的审美意识和文化。就像我创作了玻璃茶器一样，即使是现在，在茶的领域中依然不断有新的文化被创造出来。

茶器创作者 —— 吴伟丞

无为之美

陶土建筑师的乌托邦

吴伟丞

1976 年出生于台中市乌日区，1994 年自台中明道中学美工科毕业，后就读台中商专的商业设计科，1999 年毕业后成立"无为陶房"工作室，潜心陶艺，并多次举办个人展和多人展。他的作品形式多变，既有东方文化的意境，又有西方空间建筑的写实，强调作品的线条、立面、空间、色彩的对比和协调。

陶艺家吴伟丞曾说自己是一位对各式面貌的土料都感兴趣的陶土建筑师。"建筑与陶器其实有许多共同性，二者皆是用泥料经由建筑与铺设的过程，砌造出的容器；二者蕴藏着相同的哲理，创作者用心感受建材、泥料本身的纹理与质感，再透过自己的技艺，给予它们最合适的面貌。"他就像是临于高地的建筑师，审视着这些土的艺术品，分析、思考着如何用双手来建造自己的陶艺乌托邦。

如果问吴伟丞心中的乌托邦是什么模样的，他首先提到的便是他的"无为陶房"，这是他在陶艺道路上搭建的一个栖身之所。无为，其义是"以无为而为之"，崇尚天道，即人们常说的自然法则。天地之大，匠人安身于陶房内，命其名为"无为"，可以看出匠人对自然天地所感怀的谦逊和尊敬。顺着这种"无为"的态度，就不难发现吴伟丞在造物时，同样秉承着这种自然而然的哲思。

面对创作，他偏爱恣意挥洒创意的灵感，进行没有束缚的创作，这使其作品风格和手法充满变数，呈现出丰富的面貌和质感。

学陶之初，吴伟丞常观察各种亚洲原始陶器、青铜器和铁器，他觉得最耐人寻味的美是没有过多修饰的简单造型与装饰，体现出率真、劲力的纯粹美感，所以他的茶陶常带着亚洲和非洲原始艺术的影子，自由奔放，荒蛮有力。强调"土、火、作"的"荒墨系列"茶陶就是回归了最原始的表现方式，通过无釉裸烧的手法彰显手作器物的肌理细节。因为是无釉裸烧，茶陶通常以出窑时的姿态示人。黑土透析出幽微的金属

1.荒墨茶仓 | 纯粹强调"土、火、作"的荒墨系列,无釉裸烧彰显手作器物的肌理,回归最原始的表现方法。
2.荒墨提梁壶 | 黑土透析着幽微的金属光泽,熏烧遗留下的火痕,茶壶以出窑那刻的姿态示人。

1. 碎风茶碗 | 使用黑陶与白化妆土进行创作，以或漫涂、或游移涂刷的手法在土坯上表现的白化妆，如风吹般在墨黑底幕上形成一绺一绺的舒卷。

2. 青黑茶碗 | 沉稳的黑陶映衬出白金釉的金属色感，再利用纹理表现更加细致的银色，朦胧而有深度。

3. 月痕茶碗 | 白金釉彩仿如熔银般的月，光泽流动于器型上，轻盈湿润，月光如水。

光泽，陶体因熏烧而留下的火痕历历在目。熏烧是古老的烧制技法，一般是在烧窑达到一定温度后控制燃料的不充分燃烧，使其产生黑烟碳素。坯体在一定湿度下吸收了碳素，从而形成火痕，给人一种粗犷的视觉冲击。目前吴伟丞多数采用电窑和瓦斯窑来烧制陶器，通过控制温度来达到熏烧效果。

除了原始艺术的影响，现代建筑风格和西方表现主义也为吴伟丞的创作注入了许多新元素。他常常惊叹于西方在空间表现艺术上，用简洁的线条营造出清新疏朗的空间氛围。如果说原始艺术的灵感给了他感性的创作热情，那现代空间建筑则给予他理性的思考。"我观察这个世界一切美好事物，将之打散、剪裁、加工、重组成一件件作品，以表现'美感'和'创意'。"这样的风格在"建筑素描"系列表现得尤为突出，利用平整的陶板作为原材料，通过拼合、嵌接、移植，强调出有立面感的"层"，然后使之交叠成立体几何的空间结构。这种表现建筑风格的手法在他的其他作品中也时常见到，茶杯上留有棱角和工具凿痕，冷色调的陶面，乍看像是一座座伫立在荒蛮土地上的建筑物，在不同角度、不同的光照下呈现迥异多变的光景和味道。

吴伟丞制陶已有 20 多年，这些年来他一直留守在台湾的家乡。他的祖母生于南投鹿谷。地势以山地丘陵为主的鹿谷是台湾有名的产茶盛地，冻顶乌龙茶尤为出名，他的许多亲戚多以种茶、制茶为生。因为父亲喜欢喝茶，吴伟丞从 3 岁起也跟着父亲一起喝茶，茶也渐渐成了他生活中的不可或缺的一部分。因为喜欢喝茶，他不断改良着陶土的配比，希望能够做出更适合当代茶人使用的日常茶器。

作为土生土长的台湾人，东方文化自始至终都流淌在他的创作里。近些年吴伟丞在创作上开始有回归东方的意味，渐渐弱化器物的阳刚之气，走向东方圆融之美，比如"粉彩系列""白金流墨系列""白金釉系列"和"血地银花系列"等，施了釉彩的茶陶柔化了陶土的刚毅和冷峻，传达出东方意境，给观者留有遐想空间。"我企图呈现的是一种具有'手感'的设计，强调生活实用与创作理想的实验精神。所谓'手感'，是除了在视觉上的质感印象以外，在使用上的触感等各种感受的意象都是'手感'的演绎。它服务于实用，但仍然给使用者带来想象与精神上的感受空间。"

虽然 20 多年来没有离开过故土，但这片土地给了他丰富的滋养。这里有继承中华传统手艺的匠人，他早年曾师从工艺大师赖高山学习传统漆艺，也追随过陶艺名家林锦钟学习釉药，师徒代代传承。此外，他与同时代的艺术家一样，在这里亲历过日本美学和西方各种艺术流派接踵而至的繁盛时代。在各种流派思潮的潜移默化下，他的作品丰富多元。他总是不断地突破材料的既定用法，手法多变。他坚持跳脱当今艺术市场上具有重复性与格式化的茶器，以东方美学为载体，承新启旧，重新考掘传统文化，同时施予"增与减"的运作，揉杂进仿纸、仿金属、皮革、石材，或似漆器的材料，让陶呈现更多样的风貌。正如他所说的，

1.白金釉月痕提梁壶 | 白金釉彩仿如熔银般的月，轻盈湿润，月光如水，映衬出一种安静的张力感。

2.白釉急须壶 | 不同的土和釉的搭配所呈现的"白"是一种纯粹、无机，有着分量感与温度。

白金流墨系列 & 椴霜茶杯 | 白金流墨茶杯（左一、左二）延续了惯用的滴流技法，泼染出留白与墨色晕染之间的况味。椴霜茶杯（右一）是烧窑熄火后，茶杯冷却后出现金打银造的开片纹，如静瑟在窗棂上的乌霜，迷蒙而闪耀。

现代陶人们身处于一个传统与现代、东方与西方、新与旧汇聚的边界，我们应试着以自己的一套演算方式，以一种更加符合当代审美的手法来呈现它们。

"没有刻意与规矩，在指捏之间顺应自然生命的变化规律，使素材保持其天然的本性而不矫揉造作，应运而成的是人与器间观照自在的情感联系，线条看似不羁，但是拿捏的分寸却无为为之而合于道。"《庄子·逍遥游》中，惠子曾谓庄子，名为"樗"的大树一无所用，为木匠所弃。而庄子答曰："何不树之于无何有之乡，广漠之野，彷徨乎无为其侧，逍遥乎寝卧其下。"现在看来，吴伟丞"无为"的创作理念似乎与此有异曲同工之妙。别人眼里无用材质，比如铁锈、沙砾、有机玻璃、仿纸材料等，吴伟丞却可以将之融入自己的陶艺创作中，形成独一无二的风格，像那"无用之樗"，在合适的地方会落地生根，让旷野绿树成荫。所谓的"无何有之乡"就好比是吴伟丞的陶艺乌托邦，同样是顺应自然之道，展现无为之美。

"破常相"

◎ 专访吴伟丞

请分享一下您是如何走进陶艺世界的?

吴:我打小最感兴趣的是绘画,所以自觉与陶艺结缘得很晚。直到高三,学校才有陶艺课程,但学校重视升学,所以每隔两周才安排两个小时的课程,实在不容易培养深厚的兴趣。幸运的是,当时陶艺老师何荣亮让我与班上两位同学在课余时间使用陶艺教室。每天两个钟头,每周3到4天的时间,我都留在教室里练习拉坯,维持着基本的练习。其实我自小学起就认识陶艺家陈庆,他是我父亲同事的先生,两家时有往来,但那时对陶艺还不太熟悉,记得我高中的陶艺毕业作品就是请陈庆帮忙烧的。毕业时,学校把教室淘汰的一台报废辘轳赠给了我,这成为我进入陶艺世界的第一把钥匙。后来在陈庆和父亲的支持下,我才开始思考投入陶艺的可能性。

您是如何选择适合的材料的?

吴:我认为自己是一个对各式面貌都感兴趣的陶土建筑师,我想从两个方面说材料对我的影响。有时我会被某个材料的特质所吸引,然后思考怎么表现这个材料的可能性,怎么将之应用在作品上,进而发展出对应这个材料的创作。我也常推翻某种材料的既定使用方法或表现手法,总会试着找到一些新的反射动作或组合,因此,对我而言,材料应用的可能性变得更大,形成一个独特的表现形式。

创作时遇到过瓶颈吗？您是如何解决的？

　　吴：刚开始做陶的前几年是摸索期，常常是想得到的自己做不到，总觉得时间还没到，因为自己积累的还不够多，其实陶艺的表现形式非常多元。技术是支配你把一件作品从无到有的钥匙，整个做陶过程需具备的能力与技法相对复杂，需要很多的磨炼，因此失败是必然的结果，而我们就是要从失败中学习，获取的经验会成为日后做陶的养分，创作的沉积。如今，感觉自己积淀的"厚度"已经够了，能得心应手地做自己想做的事，这即是陶人"厚殖的基本功"。"沉淀"或许就是我们所具有的积极效益，就像生活一样，过去将一直封存并伴随着你，有时也正是通过回头看，才让你意识到自己正在创造崭新的事物。

　　只有在时过境迁后，才有办法去找到一些"看似轻盈，同时又能呈显时间厚度的作品"。陶人要累积手感与技艺，持续不断地进行创作，才能拉出一条清晰的轨迹；学习如何将这些经验加以挪移，方能替自己的未知找到更多的可能性。

您觉得一件茶器的美体现在什么地方？

　　吴：我想美的茶器，应该存在着"不均衡、简朴、枯高、自然、幽玄、脱俗与静寂"，就是符合日本禅师和茶道师久松真一所提出的 7 种茶道精神的器物美学。纵然我的创作没有刻意与规矩，但我仍秉持着这种美学意识作为自身茶器创作的核心思想。在塑形器物的指捏之间，我顺应自然变化，使素材保持其天然的本性，只单纯依循人与器间观照自在的情感联系，谨守"微妙不显"的态度。这既能展现创作者对细节处的坚持，又让创作者得以玩味触觉的细腻，感知线条上的拙性。

茶器创作者 —— 吴伟丞

调配好泥料后，开始练泥、拉坯，然后再使用工具对器形进行调整，刻画出自己想要的陶的
纹理和空间立面感。

制陶多年，您觉得自己的创作风格有什么变化吗？

吴：我早期创作多偏向于西方表现主义，但由于历史的原因，日本大和美学的移入也不容小觑。其中，日本民艺风对台湾陶艺的影响是显而易见的。2007 年以后，我创作的茶器则偏重于融合两地的风格特色。

在融入东方美学符号与人文意念的同时，我在茶器中加入了对空间建筑学的构思，打破了圆融感，加入了细微的棱角，突破质与量的边界，体现当代陶人以复杂的形式感突出现代茶道美学之精髓，以陶人的即兴趣味、时代风格和个性表现来寻找当代艺术与东方文化的契合度。

受父亲影响，我 3 岁便开始喝茶，学习茶道多年，喝茶成了日常生活中不可或缺的部分。习茶之后，我更注重对茶文化的观察和内化，开始注重在细节上的追求，注重手感，同时调配出更能带出茶汤的土胎配制。器形与釉色的表现多在人文意象上着墨，表达出简洁、含蓄清雅的氛围，加入东方语境，如 2007 年的"梅花乱弄系列"茶具，以几朵梅花浮雕和花形茶盅来带出文化的人本精神；在 2010 年到 2015 年期间，我开始创作"白金流墨系列"茶器，选用瓷胎搭配定白釉，以独特的墨染技法表现出水墨纹理，传达出东方传统水墨元素。

我觉得，陶人的觉知在于："如何用一样的土，做出反映出时代的陶。"对于形式和风格的变化，我始终保持着开放的态度和敏锐的感觉，而不愿保守自限。我希望可以跳脱形式逻辑的变化，强调陶艺作品表面的纹路与肌理色彩，通过简化、夸张、加工、重组的手法强调作品的视觉辩证性。

习茶给您的创作和生活都带来了什么影响？

吴：中国的茶道可以看见礼法、禅意，也看得到彼此的和谐与尊敬；在400年前日本的桃山时代，千利休将茶道提升到了艺术高度，创造出茶道新的价值，感受心灵的涤尘。

如今茶道荟萃了当代不同的文化精髓，不同的渊源、样式和变通，更加提升了茶道的感官层次。人可以借由技艺的磨炼来修习身心，循序渐进地内化修炼，进入形而上的茶道境界，以"由艺入道"的哲学建构来体现文化。

在创作上，浸习于茶道后，我开始转变并体会到，传统风格是世代相传且不断调整的成果，是历代先民的理性与感性的心血结晶，并为多数人所接受。反过来，这就让我明白，饮茶文化因为有其历史性，每个时代人们使用的茶器无不跟着他们的生活习性改变，持续改良。因此，陶人应当关注现代人泡什么茶？如何泡茶？当代的美感是什么？然后从视觉与实用性上，对茶器进行调整。

过去可能自己太年轻，急于表现自己。后来方才顿悟，现自方正、阳刚之气解脱，开始转向柔顺、圆融的和乐之风。在为春水堂制作茶具时，身为手艺人的我体悟到不能只是展现自己的想法，忘了使用者对茶器的功能需求。当代茶人为何至今还是喜欢用古典瓷器茶具来泡茶，那是因为瓷器的轻、巧、薄，较适合于展现茶的色泽与香郁；而陶器的质地原本就是厚重、粗犷。如何将劣势转为优势，是我经常思索的，希望把古典茶具中的优点保留，再融入自己的风格。我所创作的新茶具保留了古时的造型感，但不过多雕琢、不拘小节，表面装饰上也让釉色随意层叠铺染，呈现多元共融的美感。

茶艺精神强调对人、事、物的用心感受，从陶与茶的世界里感受微妙的平衡。当我真心感知后，我更加珍重平凡生活中细微间的美好；同时我也体会到，实用的要求等同于艺术的泉源。平常生活里，实在很难找到比茶更适于用来实践精神和美化生活的事物。茶是既能独善，也能分享予人的媒介。

您如何看待茶人、茶器、茶器创作者三者间的关系？

吴：茶之场域是由茶、水、器、人共筑的一个雅致世界。茶人本身的涵养与事茶风格、茶席的摆设、茶汤本身、器物的调性，皆是组成一场茶席的重要元素，在每个环节中达成和谐，缺一不可。我希望自身创作的茶器在其中所担当的角色是一位接受度宽广的承载者。我通过不断修炼自己身、心、灵的方式，来构筑器形上的每一线条、每一块面、每一组合，而这每一线条、块面、组合就是当下美感的表情。

在我的感知上，创作者与茶人两者皆为相同而相互的主体，茶器则结合了这两种角色，代表着一种意喻、一种期待，或是一种意象的延伸。创作者接受多元美学信息后，经过消化处理和转化，形成自我认同，进而成熟，制作出好的器物；茶人则具备其人文素养与美学涵养，对茶席的设计有着自己的风格与见地，就像造器者创作茶器的时候，对形式风格的变化保持开放敏锐而不愿保守自限的态度。创作者用心创作茶器，带动茶人的"观"，激发茶人用身心与茶器互动，进而提高其对茶的品味与人文的感受。

茶因壶贵，壶因茶显，皆是休戚相关的动名词；造器者与使用者在倾听与注视的态度上，是相同的姿态。茶是独立的，也是连结的。一场茶席不只是茶本质的鉴赏，实是人与人、人与器、器与空间的呈现。

本文摄影 | 阿喜 / 亚南 / 何建勋 / 包文山

初心在素瓷

以文人的态度造器

王　健

1973 年生于江西景德镇，1996 年创立"兄弟窑"工作室。2008 年创立"青塘"品牌工作室和"青塘山房"个人工作室，以单色釉为创作基调，开启对当代精致生活器物的研究，主张文心研瓷，游心于器。

说起青塘山房的由来，听得最多的是那与它同名的村庄。青塘村隔着昌江，与景德镇遥遥相望，像是静静地守望着这座瓷都的千年浮沉。青塘山房的主体是一座白墙黑瓦、砖木结构的居室，庭院里有竹林、松树、池水，地面铺着碎石，石砖错落其间，草色青翠，苔藓映衬于石上，自是一处小春色。适逢雨季来时，雨滴从天空中挣脱出来，淅淅沥沥地落在竹间、石上、瓦上，雨水沿着屋檐落在池中，惊得池面跳起碎步涟漪，好一番"闲庭听雨声"的景色，难怪青塘的主人那么喜欢听雨。

　　走入室内，素雅的白墙上挂着一幅字画，上书"青塘"二字。米黄色的席间摆放着各式茶器，阳光从落地窗户轻柔地洒进来，花瓶中的花开得正是烂漫，恰似春来了，温暖惬意。主人在室内也栽了几株竹，入夜后，灯光透过竹叶在墙上洒下斑驳的影子，此时白天的暖意慢慢消退，仿佛一日间入秋，蓦然间竟带几分清凉。整个空间无论是结构还是家具摆设，或是那随处可见的纸墨笔砚，松竹题词，无不透露出主人的心思，一种文人的用心。青塘主人王健一直以来都坚持着"文心制瓷"的理念，他说："做瓷器对我来说其实是件很个人的事情，浸满了自己的情感，不以取悦他人或者迎合市场为目的。"青塘的瓷器使用的是以高岭土为原料的瓷泥，有时也会结合一些本地的陶泥，然后使用气窑来烧制。烧成后瓷器瓷胎细腻，釉色素净自然，色泽通透，有着一股宋代文人的风骨。

　　青塘山房器物的釉色有甜白、天青、梅子青、豇豆红、鹅黄，与"五行色"对应，其中甜白釉、天青色和梅子青是三个主题色，而甜白又是

1. 天青釉五夫壶 | 此壶源于武夷山五夫的一次旅行，五夫是宋代理学家朱熹故里，盛产白莲，那里的莲子饱满，甜糯可口。王健从五夫回来后以莲子为灵感创作了这款壶，施以天青釉，恰如那个夏日里武夷山的天空。

2. 甜白釉莲子碗 | 王健效仿宋代的青白瓷，并稍加调整，向经典致敬的同时，更融合了现代人对当下生活方式的精致追求。平日里可以用莲子碗来盛莲子羹，或泡绿茶，再配上银勺，最是应景。

最主要的色调。王健说道："甜白釉的白里面老是觉得有一道霞光，淡淡的甜的味道。"明代永乐窑以甜白釉著称，釉色温润如玉，所以有人称之为"白如凝脂，素犹积雪"。青塘烧出的第一只杯子，就是甜白釉的杯子，足见青塘对这个釉色的喜爱。对于天青色的由来，一般有两个说法，一说是源于五代后周世宗柴荣为当时的御窑柴窑所提的词："雨过天青云破处，这般颜色作将来"；一说是北宋宋徽宗曾经做梦，梦里看到雨过天晴，远处天空呈现天青色，令他甚为着迷，醒后要求窑官造出"雨过天晴云破处"的瓷器，最后是北宋的汝窑做出了天青色釉，后更以青瓷闻名。虽然无法追溯其原委，但一句"雨过天青云破处，这般颜色作将来"，足以让人遐想不已，为之沉迷，以至天青色成为多少瓷人追求的釉色。王健说，青塘瓷器的一切颜色都是效仿自然而得来的。

青塘瓷器背后总会有那么些故事，可能只是一件小事，却因主人有心记住，成了创作的灵感。说起西湖杯，王健想起那是去杭州参加朋友一个聚会而萌生的想法。那天在西湖湖畔，暮色缭绕，南屏晚钟响起，余音袅袅，那个钟声给了他很深刻的记忆。回到青塘后，他创作了西湖杯，他说："在茶汤下去的那一刻，茶汤就像荡漾的湖水，借由着这远山，微微地露着一个塔尖。"说到温酒壶，王健又想到某日和朋友小聚的场景，众人喝酒间谈到了唐宋时期古画上的夜宴图，感叹古人喝酒乃是一件风雅之事。所以王健创作了一套温酒壶，在喝酒时可用来温酒，饮茶时又可作水注用，一物二用。

当被问及"用一句来形容自家器物"的时候，王健的回答是："素瓷传静夜，芳气满闲轩。"诗句出自《五言月夜啜茶联句》，据说是唐朝的颜真卿、张荐、李萼、崔万、皎然、陆士修等六位文人聚首，在月下品茶时，趁着诗意所创作的联句。尾联就是"素瓷传静夜，芳气满闲轩"，出自陆士修，意思是白瓷杯中的茶的香气在静谧的夜色中弥漫开来，整个庭院沉浸在一片茶的芬芳之中。如此看来，这句诗可以说是既道出了青塘瓷器的美，也写尽了青塘主人对恬静生活的向往。

1. 甜白釉西湖梦寻杯 | 西湖杯对王健而言有着特别的意义。他常想每位中国人的心里想必都有一个关于西湖的遐想，他自然也不例外，只是他选择用泥绘的语言来表达，内敛含蓄。从茶汤入杯的那一刻起，一幅西湖山水图便徐徐铺展开来。

2. 甜白釉满竹杯 | 宁可食无肉，不可居无竹。竹子自古以来为文人墨客所喜爱，此杯的杯体布满泥绘的竹子，寓意"满竹"，取其谐音"满足"之意；金钟式的杯形能够更好地体现乌龙茶的香气。

◎ 专访王健

请分享您与制瓷结缘的故事。

王：说到制瓷的起源，还是要从我的三哥说起。三哥大学毕业后，被分配到了高专任教，也就是现在的景德镇学院。我是家里最小的孩子，我的父母从事陶瓷机械设备设计，所以他们就希望我们兄弟俩能一起做些与瓷器相关的工作。20 世纪 90 年代，景德镇十大国营瓷厂纷纷倒闭，工人们下岗后，有的自己承包老厂房开陶瓷作坊，也算是热火朝天，我们兄弟俩赶上了这股风潮，开了自己的工作室"兄弟窑"，主要做一些当代陶瓷，然后参加北京、上海、广州等地的艺术博览会。那个时候做瓷器不像现在这么方便，我们刚开始的时候，连自己的窑都没有，所以做好的作品，上了釉，我们兄弟俩一个人骑摩托车，一个人怀里揣着瓷器，一路颠簸地开到老厂房里搭窑烧瓷，开窑后就又抱着瓷器赶回来。现在想起来，那真的是很快乐的回忆。

您秉承"文心制瓷"的理念，刘勰曾说"夫文心者，言为文之用心也"，这与您所说的"文心"是否有一定关联？

王：是的。对我来说，做瓷器是一件很个人的事情，浸满了自己的情感，不以取悦他人或者迎合市场为目的。从青塘的第一个甜白釉杯子的出现，到后来以泥为墨，把泥绘的装饰语言用在器物创作上，构思出"西湖梦寻"系列作品，再到单色釉作品"元音系列"的探索，这都是在践行着自己的文心。器物像一面镜子，可以照见自己的内心；文之用心，是我的一个创作态度，不取悦，不迎合，文心制瓷，游心于器。

"青塘山房"的来由是什么？请谈谈其背后的故事。

王：这还真是个趣事呢！景德镇昌江上游有个村庄叫"青塘村"，记得小时候爸爸常说："听话就给你买青塘李子吃。"青塘李子皮青肉红，特别甜，我们很爱吃，因此印象中能够产出这么好吃的李子的地方一定是很美的，我们那时总说以后要去青塘看看。机缘巧合，2008 年我和朋友去昌江，沿着江边一路开车来到了一个村口，那儿有一棵唐樟，一棵宋樟。它们矗立在江边，巍然遥望着城区，仿佛守望着景德镇这千年的窑火辉煌！我们再往村里走，蜿蜒的竹林旁有一栋老房子，它临着江边，是景德镇独有的窑砖房。当时我很喜欢这栋房子，四处打听，发现原来这房子一直空着，有百余年历史了。

在多方的努力下，我买下了这栋心仪的房子，其中最重要的原因是房子紧邻着青塘村。后来我把这房子作为自己的工作室，想起与青塘的缘分，于是就名为"青塘"，"青塘山房"便是我自己的斋号。这个名字起源于我儿时的回忆，但随着"青塘"被越来越多人熟悉，我觉得这个名字好像更加契合我所渴望的生活追求了。屋舍二三间，方塘半亩，蓄池观鱼，垒石邀云，植蕉听雨，且听松风。新的青塘山房的落成，也算是达成了我的一个心愿吧！

创作的灵感主要来源于什么？

王：说到创作的灵感，首先，我想是景德镇一千多年的陶瓷文化底蕴给我的滋养吧！我觉得平日的起居坐卧，生活中遇到的不同事物都能给我灵感，如节气的变化，不同时令的花材等。

我的石榴杯就是从石榴花获得灵感的，记得那年石榴花初开时，花的形态很美，触动自己创作了一款高身的杯子，杯形很优雅，特别适合喝高香类的茶品，当然喝酒也是不错。

说到喝酒就更有意思，2015年我去杭州，在朋友的住处小坐，遇到了塔牌公司的高管，我们聊起了关于黄酒的事情。我觉得在唐宋时期的古画上常常看到夜宴图之类的场景，古人喝酒是一件很风雅的事情；但到了现代，喝酒似乎总和应酬分不开。于是我回到青塘后就创作了一套温酒壶，壶置于酒席上，氛围就出来了，朋友们的反响也非常好。平时我也把温酒壶当作水注，给家里的孩子泡茶时用，以免孩子使用烧水壶时发生意外。2016年我接触了梵音，了解到宇宙元音的能量，在这个机缘下，我创作了"元音系列"单色釉作品。

听说您主要以"五行色"来制瓷，请谈谈青塘瓷器的釉色讲究。

王：我的釉色创作围绕着五行，即金、木、水、火、土，对应到人体就是五脏，对应到儒家就是仁、义、礼、智、信。这些都是中国人的智慧，或者说是"天人合一"的宇宙世界观。青塘瓷器的釉色是从原矿提炼的，发色纯正，取于自然矿料的发色和色剂调配出的发色区别是很大的，人眼足以辨识，要说看着舒服的，那一定是原矿炼制的釉色，美目以舒肝，看到温润的釉色人的心情自然愉悦，这是大自然最朴素的语言。庄子说："天地有大美而不言。"无声的美往往是最具深情且饱含能量的。

制瓷时您最喜欢的是哪个过程？您觉得最困难的是什么？

王：说实话，最喜欢也最纠结的过程是烧窑！开窑有忐忑，有惊喜，也常有失落，最大的魅力莫过于此。对于泥制火烧的瓷器，手艺人前面的九十九步做得再完美也要经过最后一步，这也是最为重要的一步，就是窑火的淬炼。

豇豆红釉温酒壶 | 豇豆红釉烧成的温度高，釉色的流动性大，但它发色莹润，釉水艳而不俗。秋冬季节温一壶黄酒自有一番滋味。温碗也可用作建水、碗泡绿茶。一器多用，随心而定。

1. 王健从拉坯到修坯都秉承着手工制作的传统。修坯时，从上到下，从里到外，身心随着修坯车的运作找到与器物相契合的轨迹，可以说是"心器合一"。

2. 完成修坯后的壶通常需要在自然通风的环境下晾上数日，之后便可完成接下来的工序。

在茶会上使用着自己所创作的器物，这是茶人最自然的状态。夏日，天青釉和甜白釉系列的茶器搭配透明的亚克力材质，轻盈凉爽，寓意清白传家。

制瓷这门手艺对您的个人生活有哪些影响？

王：其实在二三十来岁的时候，我很喜欢新鲜时尚的东西，觉得做瓷器带给我最大的改变就是让我慢下来，用更多时间来独处、看书、读经或写字，当然还有就是摩挲下我收藏的老物件。在一亩三分地里，做做瓷，陪陪妻儿。对生活的影响，我觉得是让我学会了珍惜。太太和孩子常在收拾时打破我们自己做的瓷器，看着破碎的瓷器我很心痛，对我来说，再小的一件瓷器也是有生命的，经过72道工序，从泥到瓷，就像是生命的一次化蝶，需要人的尊重和珍惜。从开始做瓷器到现在，有很多烧坏的瓷器，但我一件都没有扔掉，全部整理在仓库里。对我来说，自己喜欢的、收藏的、放在手边使用的器物，固然是令我满意的器物；但那些无名的器物，弃在角落的瓷器才是我最大的财富。

怎样的茶器能够打动您？

王：我认为茶器首先是实用，为茶服务。一直以来，我做的茶器都不以炫丽的装饰技巧或者夸张的造型来取巧，我更喜欢在喝茶之余鉴赏或把玩器物。更多的时候，茶器就像是一座桥梁，联系着茶与人的互动，不必夺目而安然存在，温和内敛的器物更能打动我。

您希望茶器、茶器创作者和使用者三者是怎样的关系？

王：创作者和使用者是透过茶器而连接起来的，三者是相辅相成的。有一件器物特别适合表达这个关系，就是盖碗，以前盖碗被叫作"三才碗"，就是天、地、人。中国人的世界观就是"天人合一"，所以创作者、使用者、茶器三者一起就是"合"。

您觉得一场茶席的美取决于哪些方面？

王：茶席的美是与时间、空间的对话，最重要的还是有人的参与。这个美应该是立体的，有器物的美、材质的搭配、茶会主题语境的设计、灯光的运用等，这些细节是主人用心准备的，这过程本来就是一个美丽的遇见，一期一会。

请分享下您是如何走进茶的世界的，并谈谈您对茶道的理解。

王：小时候，喝茶的印象就是父亲在杯子里投些绿茶，泡上一整天喝着，茶味浓浓的，应该说是很苦。长大后，自己开始喝茶还是在参加展览时为了招待客人，我在茶城买了一套茶具，那时候喝的是安溪铁观音。真正走进茶的世界，是太太和李曙韵老师学茶，那之后我才对茶有了不一样的认识。茶之道，无非生活。对万物有了慈悲心，心柔软了；这样喝茶不仅可以看见茶中有山川风貌，四季更迭，还可以明心见性。

现代年轻人如果想制作瓷器，您会给他们什么建议？

王：我们一路走过来也碰见过很多困难，幸运的是我们坚持下来了。所以希望年轻的朋友如果想做瓷器，坚持初心是很重要的。我觉得现在景德镇正迎来又一个新的高峰时期，会成就很多人。很庆幸，我们可以在这个时代发出自己的声音。

延续传统彩绘的美

古典与现代的交融

可児孝之

1969 年生于岐阜县土岐市，大学时研修法学，后辍学继承陶瓷店家业。他师从画家伊藤善胤，学习素描和水墨画。1993 年他到陶瓷工厂修习了一年，1994 年开始独立创作并修建自己的陶窑"祭窑"，其作品以彩绘陶瓷为主。1999 年他在家乡土岐市举办了首个陶瓷个展，之后陆续在日本的不同城市举办个展。

可儿孝之接触陶瓷是受其父亲的影响，父亲常年经营着陶瓷店的家业。但在可儿孝之念大学的时候，他的父亲不幸病倒了，看着作为一家之主的父亲倒下了，身为人子的可儿孝之知道自己肩负的责任，为此他毅然选择结束自己的学业，继承父亲的陶瓷店，他也由此开始了解陶瓷这门传统手艺。而在此之前他也刚好跟着画家伊藤善胤学习了素描和水墨画。谈到自己与陶艺的结缘，可儿孝之笑道："有次经过当地一家陶瓷工房时，里面的匠人探出头来随口便问了一句：'不想尝试学一下制作陶瓷的完整工序吗？'"后来可儿孝之就真的到那家陶艺工房里研习了一年的陶瓷。虽然没有艺术背景，几乎是从零开始，但可儿孝之却没有懈怠或胆怯的感觉，相反他还选择了比较考验绘画功底的彩绘陶瓷作为自己的主要创作方向。

日本最早的瓷器可追溯到17世纪唐津窑场，彩绘也是在这一时期进入日本陶瓷产业，大约到了17世纪40年代，日本匠人烧出了彩绘瓷器，其中有田窑的匠人最早仿中国的青花制作彩绘瓷器。日本人称青花作"染付"，"染"即使用青色颜料进行色绘；"付"则指纹饰。后来有田彩绘发展出了古九谷、柿右卫门、古伊万里、锅岛等不同样式、各具特色的彩绘瓷器。古九谷是比较早期的瓷器，瓷胎不是十分精致，但彩绘的纹饰风格大胆且设计巧妙，有菱形纹、龟甲纹等几何图案，也有当时流行的染织图案，具有时代感。柿右卫门是在古九谷基础上发展出来的，是一种远销海外的高级彩绘瓷器。它的瓷胎是一种名为"浊手"

1
———
2

1. 赤绘金襴手盒子 | 传统的赤绘花纹图案，配上"金襴手"样式的花叶，典雅自然，可在内存放茶叶、茶粉等。

2. 赤绘金襴手香盒 | 赤绘的图案上是"金襴手"样式的樱花图案，有着浓厚的日式风格。

白瓷水方 | 素色的水方上是波纹状的纹理，恰如平静的湖面上惊起的一轮轮涟漪。

的乳白色瓷胎，其彩绘以红彩绘为主，纹饰有花卉动物等，线条纤细柔美。古伊万里是 17 世纪末日本匠人模仿中国景德镇的五彩和金彩创作的，后来发展出"金襕手"的样式。制作"金襕手"时，匠人首先要用赤色或其他难晕染的涂料在素坯上进行整体绘图，然后在原有纹饰上施以金彩或金箔，之后再上釉烧成，这种彩绘瓷器通常显得华丽高贵。锅岛彩绘属于官窑的瓷器，纹饰有比较明显的日本风格，规格也相当严谨，主要是藩主、将军、大名间礼尚往来的高级贡品。

可儿孝之的彩绘陶瓷延续了日本传统的彩绘技艺，在他的作品中可以欣赏到红彩绘、青花、金襕手甚至银彩的器皿。他主要选用本地的瓷土和半瓷土，作品以茶器为主，同时也制作一些艺术品，如灯、装饰品等。可儿孝之的彩绘器既有釉下彩也有釉上彩，釉下彩是要在瓷胎上描绘图案上色，施釉后才进行本烧；釉上彩则是在施过釉并进行了本烧的瓷器上进行彩绘，彩绘完成后再进行一次低温烧成。要完成一件彩绘瓷器，手艺人不仅要具备一定的绘画功底，还要懂得不同颜料和瓷土的性质，以及颜料经过烧成后可能产生的变化等，可以说是一门需要手艺人花费大量时间、精力和心思去揣摩和反复试验的技艺。如今，在日本的柿右卫门窑，传统手艺人一直坚持着红彩绘，有些瓷器上既有釉下彩也有釉上彩，所以整个制器工序从开始到结束，可能需要花费 3 个月的时间。

如今，可儿孝之创作陶瓷已经有 20 多个年头，这些年来他一直在用陶艺来追寻美的踪影，表达自己独特的审美意识。在彩绘图案的构思上，他希望自己的作品能够再现古典的韵味，所以他会使用一些带有传统意韵的植物或动物纹饰，比如花唐草纹、祥瑞纹、阿兰陀纹等。同时他也会在古典纹饰的基础上，绘制一些原创的彩绘纹饰，如白瓷象眼茶器系列，青色线条有规律地铺展开来，与白瓷相互映衬，线条纹饰既有传统的色彩，又透着几分现代的简洁明快，置于榻榻米上，柔和的灯光洒下来，白瓷反而透出了陶器的温润感。他说："我觉得，在工艺和图案设计的漫长发展历史中，如果能够在前人积累的经验之上，制作出其他人无法复刻出来的，拥有美丽的形态与图案的作品，那真的是一件非常美妙的事情。"

1 ────
2

1. 墨吴须阿兰陀纹茶碗 | 墨色的彩绘往往能够给人一种神秘感，耐人寻味。

2. 赤绘花唐草纹茶碗 | 可儿孝之在经典的花唐草纹的基础上融入了自己的创作理念，自成一派。

◎ 专访可儿孝之

请分享下您是如何走进陶器世界的。

可儿：在我读大学的时候，我的父亲得了病，陶瓷店家业的运营因而陷入困境。为了给家人分忧，我便从大学辍学，继承了家业。继承家业后，我想着要加深自己对陶瓷方面的认识，同时因为我对既有的陶器销售模式产生了怀疑，所以我思忖着把家业重心从陶瓷销售转移到陶瓷彩绘加工上，于是便开始学习陶瓷相关知识。

有一次在附近经过当地一家陶瓷工房时，里面的匠人探出头来随口便问了一句："不想尝试学一下制作陶瓷的完整工序吗？"因为那时我主要是做陶瓷彩绘的加工，所以在他善意的邀请下，我就到那个工房里学习了一年。后来算是以此为契机，打开了陶艺世界的大门。

您作品的创作灵感主要来源于什么，比如器形、彩绘的图案等？

可儿：一言以蔽之，温故而知新。因为我没有师从特定的手艺人，所以我主要是通过观察古董来揣摩制作技艺，从而掌握更多的陶瓷艺知识，慢慢培养自己的创作手感。如果举例说明我的灵感来源的话，可能也受到画家伊藤善胤的影响，因为在开始制作陶瓷前，我曾跟着这位画家学习过一段时间的素描和水墨画。所以我觉得我的灵感多数是来自这两种事物：古董和绘画。

您觉得釉下彩和釉上彩对材料和工艺的要求有哪些不同？

可儿：釉下彩是在釉料之下进行彩绘，作品的成色经过多年也不容易
劣化。再加上在彩绘之后，器皿经高温烧成，所以彩绘图案会有所收
缩变得紧致。虽然不同烧成方法很大程度上会影响彩绘图案的显色程
度，但一般来说，釉下彩都会选取较为显色的颜料。此外，由于彩绘
图案上覆盖着釉料，所以作品的手感自然也会更加光滑。

釉上彩的话，因为在彩绘图案后，器皿经过的是低温烧成，我们可
以使用的颜料的范围就更广，所以图案颜色也变得更加丰富多样。因
为使用的颜料的性质不同，有些作品的手感可能会比较毛糙，所以通
常我们会在彩绘完成后施一层玻璃质釉料，之后再进行低温烧成。我
觉得釉上彩的颜色更为丰富，绘画的技法多样，所以能够有无穷无尽
的表现方式和组合。

从我个人经验来看，釉下彩比较容易呈现颜料的浓淡，所以如果彩
绘的图案想表现这种深浅的层次感，我一般会选择釉下彩。如果希望
使用的颜色多点，或鲜艳点，则选择釉上彩更为适宜。当然也有例外，
有些陶瓷可以是釉上彩、釉下彩兼具的。

您一般是如何挑选原材料的？

可儿：基本上，我都使用邻近地区所产的材料作为我制作陶瓷的底料。
虽然我也会进行配制，但黏土和釉料等基础原料都是使用本地的原材
料。陶艺的表现手法千差万别，但岐阜县作为日本陶瓷生产量第一的
地区，其特色是：人们可以用便宜的材料来制作大量便宜的陶瓷。所
以我想，如果能用一些便宜的原材料做出高品质的陶瓷，那该多好啊。

1.在器皿上彩绘前，可儿孝之都会把自己脑海中的花纹、样式先画在和纸上，寥寥数笔便表现出了彩墨的浓淡急缓。

2.这些画笔常年累月陪伴着造器者，或破损的笔杆，或粗糙的笔刷都定格着每一次的创作。

请谈谈您烧陶的方法。

> 可儿：从我成为独立陶艺家起，我创作陶瓷已经有 20 多年了。我一般都是用煤气窑进行高温还原本烧成，需要 30~35 个小时，如果是釉上彩绘的话，彩绘完后，我会配合电力窑来进行低温烧成。但最近我也开始不断地在失败中摸索，尝试用电力窑进行氧化烧成，这比煤气窑耗时短一点，约 20 个小时。

岐阜当地的文化及传统手艺对您的创作有哪些帮助或影响？

> 可儿：大概是因为自己一直在盛产陶瓷的地方与不同的人交流，自己也制作陶瓷，所以我越发感受到，有些配方是现有的一些陶瓷艺教材没有提及的，可想而知前人留下的技术和知识是多么的宝贵。
>
> 　　创作者在制作每一件陶瓷的过程中，会使用到不同的土料、不同的颜料和彩绘的手法等，其实就是在器皿上反映着当地的生活、风土人情和先人们的智慧。我深深地感受到，如果没有这些先人们的智慧，今后的陶艺发展和延续将无从谈起。通过器物创作，我可以和各种各样的人相知相遇，这大概也是一件让我印象深刻的事情了。我时常也能够感觉到自己仿佛是在跟过去的创作者进行对话。

制作陶器时，最喜欢是哪个过程？您觉得最困难的又是什么？

> 可儿：我并没有什么特别喜欢的步骤。不过在创作前，我会喜欢想象和设计，然后在制作过程中，也会有别的灵感忽然浮现，这都会让我的情绪变得兴奋。至于说到最难的步骤，我觉得是构思器物的外形，怎样的外形是美的，这会让我有所思考。

能描述下您平日的生活吗？您理想中的生活是怎样的？

可儿：我非常喜欢摄影，所以很喜欢为此探寻各种美丽的场所和事物。而且又因为自己曾经学习过一点素描，有时也会喜欢以素描的目光去追寻美的事物。做这些事情的时候，与其说是为了自己的创作，倒不如说是为了让自己的心灵变得丰满。我希望能够好好珍惜现有的一切，怀着这种想法度过每一天的日常生活。欣赏美丽的事物与风景，阅读优美的文章，品尝当季的美味食物，由这些事物所组成的生活，实在让我心醉。

您希望器物的使用者与您的作品或者您本人有怎样的互动？

可儿：如果使用我所制作的器具的人，或者把我所制作的器具放在身边的人能够从器物中感到安宁、愉悦的话，对我来说，这是无比开心的事情。除此之外，如果能够通过作品发展出一种相互尊敬、相互学习的人际关系的话，那也是令人愉快的事情。

请谈一谈茶道给您创作和生活带来的启发和影响。

可儿：从我开始陶艺生涯起，我的老师就让我学习茶道。我认为，日本的茶道是一种以茶为中心，包含了饮食与居住的综合艺术。所以，抛开茶道，陶艺、饮食文化乃至生活本身都是无从谈起的。

茶道和陶艺都有一个共同点，那就是要求人通过不断重复同样的仪式和动作来进行自我的历练。我从中学习到的是，茶道的艺术能够让我感知到眼睛难以捕捉的抽象概念。对我来说，茶道是能够让人发现隐藏于日常生活中的"美"。

出走的茶人

一把银壶随遇而安

任政林

他是来自中国台湾的一位茶人，一位佛教徒，也是一位金银茶器手艺人。2013 年，他在香格里拉的一场茶会上，体悟到茶人手中的茶器是多么的重要，遂发愿要制作 108 把茶壶。2015 年，他来到杭州，修建了茶人居所"任舍"，在那里展示作品和奉茶。他提出"茶人制器，道在器中"的创作理念，以茶修心，以器修行。

在杭州良渚文化村里有那么一处灰瓦黄墙的房舍，它处在一片青翠的竹林中，旁边依着一片清静的池水。沿着竹篱笆，走在米黄色碎石铺成的小径上，石子上落着竹叶斑驳的影子，不觉间走到了门庭前，只见门前铺着青砖，恍然间似乎来到了刘禹锡笔下那"苔痕上阶绿，草色入帘青"的居室，饶有一番结庐山野退而隐的况味。这个居所的名字叫"任舍"，它的主人是任政林。任政林是一位茶人，习茶已将近9个年头，同时他也是一位制作金银茶器的手艺人。回想起当初选择茶的缘由，任政林表示一切皆是从心已矣。有一次，他的茶道老师李曙韵在香格里拉办了一场茶会，任政林说那是离天最近的一场茶会。在茶会上，任政林遇见了一把银壶。他清楚地记得，那天他看到了一位茶人使用着这把银壶，但他却发现这把银壶与事茶人并不搭配，看上去显得不太协调，当时他心想："一个茶人的一把壶，就像武士手中那一把剑那么重要。"因为有此心念，在那场茶会结束后，从台北来的任政林决定留在香格里拉。他在那儿找到了一座藏式的民宅，从此开启了打造银壶的旅程。

　　在2014年，任政林带着自己制作的银茶器作品"方圆茶器"参加了米兰设计周一个名为"看见·造物"的作品展，他的银壶也因此走出了香格里拉，抵达大西洋彼岸。这个作品展由"看见造物"的创始人朱哲琴、华人设计师卢志荣和"设计上海"的创意总监罗斯·厄文策展，展出的都是一些融入了中国民艺元素的设计作品，中国传统工艺景泰蓝、黑陶、刺绣等都在这次展览中得到了不同的设计演绎。

坐落在杭州的"任舍"空间，秋凉竹影，松风茶香。

金玉满堂 | 这是金银南瓜对壶系列中的金南瓜壶，金色壶身，白玉红珊瑚壶盖，寓意富贵如意。

从米兰回来后不久，任政林来到杭州，修建了自己的茶人居所"任舍"。从台北到香格里拉、到米兰、再到杭州，在不同地方游走，任政林是候鸟般的游走茶人，一个跟随着自己心灵去行走的世间过客，带着自己的茶器，沿路为陌生人奉上一碗回甘的茶汤。任政林说："如果美好的事、物能与你相遇、分享，那便得到存在的价值与意义了。"

目前任政林制作茶器主要使用的材料是金和银，有时他也会从自己平日收集的旧物品中，挑选适合的融入自己的茶器设计中。任政林说他曾收藏过一片老的白玉，他喜欢这块白玉，因为上面有松树、老翁，有小桥、流水。后来他用盖碗的概念，创作了一把急须，把这块旧白玉做成急须的盖。对待创作，任政林如同对待自己的生活一般，听从内心的呼唤。从一片银到一把壶，没有一成不变的器形，无所拘束，是手艺人与自己、与器物的一次对话。"当人与器合一时，茶器已不止是一把壶，它已成为事茶人的法器，一杯茶汤，供养座前的每一位有缘之人，心的力量将无边地扩散，犹如一滴水，抛入大海，成为大海，成为永恒。"

任政林曾说过，在自己的生命里，40岁那年是一个非常大的转折点，那年他的父亲辞世。"送我父亲进手术房的时候，他把他脚下那双拖鞋脱下来交给我。手术房的门关起来，我当下顿悟了，生命是这么的无常。"陪着父亲走完了人生数月后，任政林学会了放下，或者用他的话来说，就是"整理自己的生活"。他不再执着于对物品的依恋，也不再想累积太多的东西，在跟老师学茶时，他说："我只要拥有 3 套茶席就够了。

一套是正式茶会时候使用，另外一套是放在家里接待朋友，还有一套就是在行旅当中，到处奉茶的一个旅行的随身器物。"不管走到哪儿，这位茶人、手艺人的问茶寻茶依然继续着，在人生的旅程中，他选择以茶修心，以器修行，从生活美学中，寻找生命的出口。

竹叶葱郁的"任舍"是不是任政林安居的"家"呢？或许不是，因为任政林说这个场所或将面临被收回拆迁的命运。隐于山林的房舍清幽空灵，叫人怎舍得将之破坏；换作旁人，恐怕难解心中的愁苦。但任政林颇为释然，他说："犹如法会中精心绘制的沙坛城，法会结束，瞬间摧毁，无常的深刻体悟，只得拾起行囊，前行复前行，也不知下段旅程将在何方？"言语里，似乎还透着些许对新旅程的期冀。

在"任舍"庭院内，任政林正为到访的茶客奉茶。

　茶器创作者 —— 任政林

◎ 专访任政林

您是如何走进茶的世界的？

任：生命总是在不间断的流转中，面对着选择和改变，所想的都不一定能实现，所发生的却都超乎我所能想的，上天的安排，都不在我所预料的轨迹上。创作依然是我不变的主轴。从空间设计、活动规划到公共艺术创作，不同的只是素材的选择和应用，离不开的仍是生活美学。世间的美如果离开了生活，就会显得造作和矫情。一路上我要的，不一定能得到，但我一定听从内心的声音，选择我想做的，过好自己的人生。

为什么会想着自己制作茶器？请谈谈背后的故事。

任：在一场离天最近的茶会中，我体悟到一个茶人的一把壶，就像武士手中那一把剑那么重要；当下发愿要为茶人打造108把壶，因缘就这般地启动，一把壶需历经数万次反复锤打煅造，历经火与水的淬炼。创作需专注，就如禅定与闭关般，让我从中找到生命的出口，走上修身养心之道。

您作品的创作灵感主要来源于什么？

任："茶人制器，道在器中"。创作元素和灵感是以自然为师，大地山河，苍穹无涯，一花一世界都是那么神奇与奥秘，四季春风冬雪皆令人着迷，故而从中就可领略到美的存在和神奇。创作风格无一规范和定向，故而觉得创作有无穷的乐趣和无边的未来。

清翠碧绿的山水中，一碗抹茶足以令人陶醉。

1. 五行运天地 | 铜包银壶体上带着金补丁，配上铁壶把和玉壶钮，古韵自成。

2. 随身宝 | 一对掌上型的金、银对壶，小巧玲珑。

3. 清风月影 | 黄金手握急须，壶盖上是清风月影图。

	2
1	3

任政林在香格里拉院中事茶，海棠花开满树，花瓣如雪般簌簌而落。

为什么选择金和银作为主要材料？请简单介绍您制作茶器的步骤。

> 任："金和银"是尊贵与力量的象征，更有着极好之延展性，故而选之作为茶器素材，用来传达器物之美。器物的打造过程，从一片银到一把壶，非常简单：只有内与外，收与放。心到手到是不二法门。

艺术形式可以反映创作者的个性和审美等，您希望透过作品传达怎样的审美观和价值观？

> 任：美是很主观的，因人所爱而有所差异；但共通点就是心生欢喜和感动。我选择与自己心性相映、拙朴而有生命力的美，那样的美让内心清静、安定，有如生命体的存在，静静地看着你、陪伴你。
>
> 每件器物，都会有它自己的气息。在器物制作完成后，它会静静地等待，当它与主人相遇的那一刻，他们会互相召唤。每次有人选器物问我的意见时，我从不建议，只让他们放下头脑，用心去感觉。器物不用多，愿使用者能以陪伴它一辈子的方式去看待器物，这样器物的生命将被启动，在人器合一时，必能泡出令人感动之茶汤的。

您从何时开始"边行走，边奉茶"的旅程的？感触最深的是哪次行走经历？

> 任：行走是生活上的一种出离，让身与心舍离，也是在走回内心本初原点。接触不熟悉的人、事、物，让我对自己有更深一层的反思和对待。一路上我喜欢与陌生人喝茶，没有思考或准备，随顺着眼前的因缘，诚心地奉上一杯茶，一期一会，只有当下的相遇。

感触最深的是香格里拉的茶会，那是一场离天最近的高原茶会。记得那天，天气变化莫测，茶会开始前还是倾盆大雨，待茶会开始后天气放晴，户外高台上花儿盛开，远处是雪山、河流，交织出一幅人间仙境之美景。不料在茶会进行的时候，天空下起冰雹，满天乌云，而后又慢慢地云破天开，射出一道光茫，笼罩在茶会现场。茶会结束之前，整个高台上一片山岚升起，令人分不清是在云中雾里，还是时空穿越。此般情境，真是不可思议！一场变化无穷的茶会。

从台湾搬迁到杭州，为什么会做出这个选择？

任：一场茶会，注定了我要留在香格里拉，走向茶人之路，人生的每一个阶段，都不是我所能预料的结果，心在哪里，家就在那里；在大理洱海的一个银色夜光下，我与活佛相遇，他告知我应前往杭州，从此我便在工作室与展示空间之间，在台湾、香格里拉、杭州三地之间往往返返。

您希望把茶人居所"任舍"打造成一个怎样的空间？请描述下您平日的生活。

任：来到杭州，曲曲折折总算在良渚文化村落脚，用心地建一方水域、竹林、篱笆、庭院和小屋，把茶人居所"任舍"打造完成。夏夜池边萤火虫飞舞，满天星星在低语，竹林在风里摇曳着发出沙沙回响，老松伴着大石。黄昏夕阳下，来访的客人喜爱在池边平台与我共进晚餐。养的鹅在树下草丛筑巢，下了一窝蛋，公鸡最爱进来茶室逛大街。冬季窗外飘下雪花，映着炉上的炭火煮水，有茶的日子，过得清闲悠哉。

附录 | 联系方式 / 事茶人、茶器创作者

李曙韵 · 事茶人

茶家十职
地址：北京市朝阳区孙河 52 号 -2
电话：0086-10-8420-2096

董全斌 · 瓷艺家

地址：景德镇新厂西路墨香宝坻
电话：0086-188-7980-0879

桥本忍 · 陶艺家

TENSTONE
地址：北海道札幌市白石区
平和通 9 丁目北 10-16
网站：hashimotoshinobu.com
电话：0081-11-866-5067

小山乃文彦 · 陶艺家

代售店：うつわ祥見 (UTSUWA SHOKEN)
地址：神奈川县镰仓市御成町 5-28
网站：utsuwa-shoken.com

大江宪一 · 陶艺家

地址：岐阜县土岐市下石町 801-2
网站：oe-kimura.com
电话：0081-90-3554-8099

小泽章子 · 陶艺家

地址：爱知县濑户市西窑町 164 番地

荒川尚也 · 玻璃艺术家

晴耕社玻璃工房
地址：京都府船井郡京丹波町
中山东野 26
网站：www.seikosha-glass.com
邮箱：ara-nao@crest.ocn.ne.jp

吴伟丞 · 陶艺家

无为陶房
地址：台中市乌日区光日路
157 巷 11 号
电话：886-921-325-121

王健 · 瓷艺家

青塘山房
地址：景德镇市下窑路 58 号
电话：0086-136-0798-0777

可儿孝之 · 陶艺家

祭窑
地址：岐阜县土岐市下石町 2254-7
网站：kanny.web.fc2.com
电话：0081-572-57-6728

任政林 · 银器艺术家

茶人居所"任舍"
地址：杭州良渚文化村
白鹭郡北 9 幢 101
电话：0086-186-8722-1688

广州三度图书有限公司

电　　话：020-84344460
邮　　箱：sales@sandupublishing.com
网　　址：http://www.sandupublishing.com/
新浪微博：三度出版传媒
微信公众号：sandupublishing